DUDEN

WISSEN • ÜBEN • TESTEN

7. Klasse

Mathematik

Lösungsheft

Dudenverlag
Berlin

1 Rationale Zahlen

ÜBUNG 1 **S. 7**

$-3{,}5 < -3 < -2{,}5 < -1{,}5 = -\frac{3}{2} < -\frac{1}{2} < -\frac{1}{4}$
$< +0{,}3 < +\frac{3}{2} < +2 < +3{,}2 < +4{,}7$

ÜBUNG 2 **S. 7**

a) A (+2|+1); B (+1|−1); C (−1|+2);
D (−2|0); E (−1,5|−1,5); F (+4,5|−1,5);
G (−3,5|−0,5)

b)

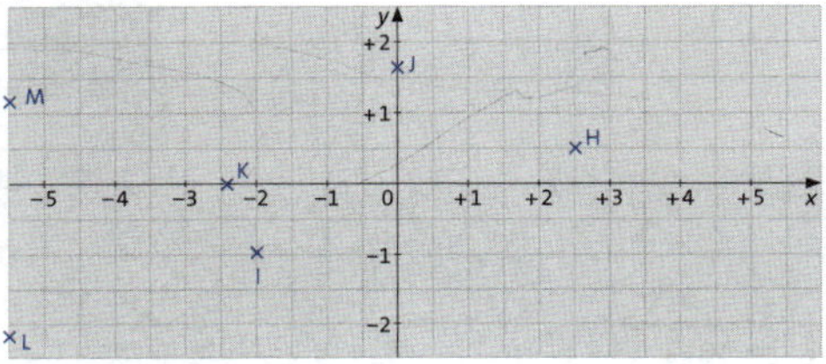

ÜBUNG 3 **S. 7**

a) $+2 < +2{,}2$; **b)** $-4 < -3{,}5$; **c)** $-\frac{2}{7} > -\frac{1}{3}$;
d) $-22{,}2 > -22{,}3$; **e)** $|-17| = +17$;

ÜBUNG 4 **S. 8**

s. Tabelle unten

ÜBUNG 5 **S. 8**

a) +1,5; **b)** −8; **c)** 35; **d)** −3; **e)** −100,6; **f)** $-\frac{1}{7}$;
g) −3; **h)** −12; **i)** $-\frac{13}{24}$; **j)** 0

ÜBUNG 6 **S. 8**

a) −21; **b)** −9; **c)** −4,8; **d)** 585; **e)** −20; **f)** $-\frac{5}{24}$;
g) 4; **h)** $2\frac{1}{3}$; **i)** $\frac{6}{125}$; **j)** $-\frac{30}{49}$

ÜBUNG 7 **S. 10**

a) $\frac{317}{30} - 2 - \frac{17}{30}$ — *Rechengesetz:*
$= \frac{317}{30} - \frac{17}{30} - 2$ — Kommutativgesetz (KG)
$= \left(\frac{317}{30} - \frac{17}{30}\right) - 2$ — Assoziativgesetz (AG)
$= \frac{300}{30} - 2 = 10 - 2$
$= 8$

b) $-13{,}4 + 3{,}1 - 6{,}6$ — *Rechengesetz:*
$= -13{,}4 - 6{,}6 + 3{,}1$ — Kommutativgesetz (KG)
$= (-13{,}4 - 6{,}6) + 3{,}1$ — Assoziativgesetz (AG)
$= -20 + 3{,}1$
$= -16{,}9$

ÜBUNG 8 **S. 10**

a) $= 733{,}3 - 13{,}3 + 18{,}2$ (KG)
$= 720 + 18{,}2$ (AG)
$= 738{,}2$

b) $= -36 + 3{,}5$ (AG)
$= -32{,}5$

c) $= 133{,}1 - 13{,}1 - 122{,}2$ (KG)
$= 120 - 122{,}2$ (AG)
$= -2{,}2$

d) $= -44{,}7 - 12{,}3 + \frac{2}{5}$ (KG)
$= -57 + \frac{2}{5}$ (AG)
$= -56\frac{3}{5}$

e) $= -14{,}4 - 13{,}6 + 12{,}8$ (KG)
$= -28 + 12{,}8$
$= -15{,}2$

f) $= \frac{3}{4} + \frac{1}{4} - 1\frac{1}{3} - \frac{2}{3}$ (KG)
$= 1 - 2$ (AG)
$= -1$

g) $= -\frac{7}{9} - \frac{11}{9} + \frac{7}{6} - \frac{11}{6}$ (KG)
$= -2 - \frac{2}{3}$ (AG)
$= -2\frac{2}{3}$

ÜBUNG 4

Zahl	+7	−1,5	−3,4	0	−0,16	$-\frac{3}{97}$	−6,7	$+\frac{2}{3}$	+0,007
Gegenzahl	−7	+1,5	+3,4	0	+0,16	$+\frac{3}{97}$	+6,7	$-\frac{2}{3}$	−0,007
Betrag	7	1,5	3,4	0	0,16	$\frac{3}{97}$	6,7	$\frac{2}{3}$	0,007

h) $= -999{,}01 - 0{,}09 - 9{,}9$ (KG)
$= -999{,}1 - 9{,}9$ (AG)
$= -1\,009$

ÜBUNG 9 **S. 10**

a) 112; **b)** 1,7; **c)** –1,7; **d)** 209,9; **e)** $1\frac{1}{3}$; **f)** $-\frac{1}{3}$;
g) $-\frac{16}{17}$; **h)** 2

ÜBUNG 10 **S. 11**

a) –130; **b)** 27; **c)** $\frac{34}{3}$; **d)** –44

ÜBUNG 11 **S. 11**

a) 85; **b)** –117; **c)** 18; **d)** $\frac{14}{3}$; **e)** 3,4; **f)** 15;
g) –108; **h)** –2

ÜBUNG 12 **S. 11**

a) $-13 \cdot (22 + 8) = -390$
b) $25 \cdot (13 - 15) = -50$
c) $-6{,}5 \cdot (13 + 7) = -130$
d) $-7{,}3 \cdot (172 + 28) = -1\,460$

ÜBUNG 13 **S. 11**

a) $-27 + 17 - 6 = -16$
b) $-26 - 24 + 51 = 1$
c) $\frac{2}{5} - \frac{1}{3} + \frac{3}{5} = \frac{2}{3}$
d) $-211{,}5 - 13{,}5 - 16{,}5 = -241{,}5$

ÜBUNG 14 **S. 13**

a) die Basis; den Exponenten; **b)** Wert; **c)** positiv;
d) negativ; positiv; **e)** Quadratwurzel; **f)** 8; 8^2

ÜBUNG 15 **S. 13**

b)	+	$\lvert -1 \rvert^8 = 1^8 = 1$	+1
c)	–	$\lvert -2 \rvert^7 = 2^7 = 128$	–128
d)	+	$\left\lvert +\frac{2}{3} \right\rvert^3 = \left(\frac{2}{3}\right)^3 = \frac{2^3}{3^3} = \frac{8}{27}$	$+\frac{8}{27}$
e)	+	$\lvert -0{,}2 \rvert^2 = 0{,}2^2 = 0{,}04$	+0,04

ÜBUNG 16 **S. 14**

a) –216; **b)** –512; **c)** $\frac{16}{169}$; **d)** –0,343; **e)** $\frac{121}{16}$;
f) $-\frac{1000}{343}$; **g)** 289; **h)** 28 900; **i)** 2,89;
j) 0,0289; **k)** $-\frac{216}{1331}$

ÜBUNG 17 **S. 14**

a) 9; **b)** 12; **c)** 15; **d)** 60; **e)** 1,4; **f)** 0,05;
g) 1,1; **h)** 1 400; **i)** 1,5; **j)** 1,7; **k)** 0,017; **l)** $\frac{25}{13}$

ÜBUNG 18 **S. 14**

Er hat das Volumen $5^3\,cm^3 = 125\,cm^3$.

ÜBUNG 19 **S. 14**

Eine Seite misst $\sqrt{225}$ m = 15 m.

Klassenarbeiten

AUFGABE 1 **S. 15**

a) A (2|0,5), B (0,5|–1,5), C (–2,5|–1,5)
b)

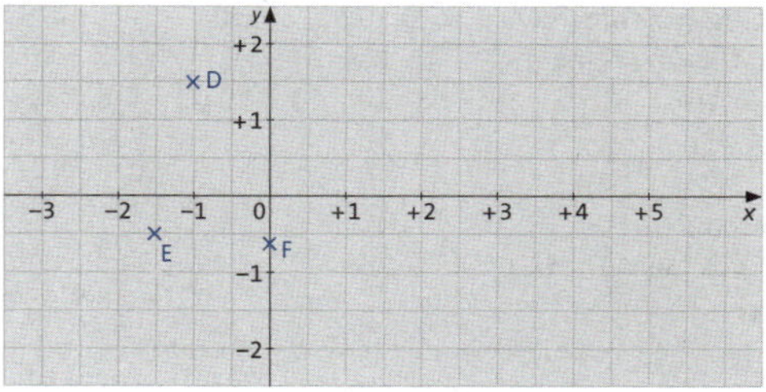

AUFGABE 2 **S. 15**

Deine Antwort sollte ähnlich lauten: Der Betrag einer rationalen Zahl ist ihr Abstand zur Null. Der Betrag ist immer eine positive Zahl.
$\lvert -3{,}5 \rvert = 3{,}5$

AUFGABE 3 **S. 15**

a) $-2{,}5 < -2$; **b)** $-\frac{3}{7} = -\frac{9}{21} < -\frac{7}{21} = -\frac{1}{3}$

AUFGABE 4 **S. 15**

a) 0,5; **b)** $-\frac{19}{24}$; **c)** –3,6; **d)** –56; **e)** $\frac{81}{2}$; **f)** $-\frac{10}{7}$

AUFGABE 5 **S. 15**

a) $-13 \cdot 30 - (-13) \cdot 1 = -377$
b) $5 \cdot (-12) + \frac{5}{6} \cdot (-12) = -70$
c) $-33 : (-11) + \frac{11}{13} : (-11) = 3 - \frac{1}{13} = 2\frac{12}{13}$

AUFGABE 6 **S. 15**

a) $-8 \cdot (30 - 1) = -8 \cdot 30 - (-8) \cdot 1$
$= -240 + 8 = -232$

b) $\left(2 + \frac{3}{4}\right) \cdot (-8) = 2 \cdot (-8) + \frac{3}{4} \cdot (-8) = -16 - 6 = -22$

c) $\left(28 + \frac{7}{8}\right) : (-7) = 28 : (-7) + \frac{7}{8} : (-7) = -4 - \frac{1}{8}$
$= -4\frac{1}{8}$

AUFGABE 7 **S. 15**

a) -27; **b)** $\frac{16}{625}$; **c)** 70

AUFGABE 8 **S. 16**

a) 4; **b)** 6; **c)** 0; **d)** -4; **e)** -5; **f)** -70

AUFGABE 9 **S. 16**

A: $-3{,}5$; B: -2; C: $-0{,}8$; D: 2; E: 4,5; F: 5,2
Gegenzahlen: A*: 3,5; B*: 2; C*: 0,8;
D*: -2; E*: $-4{,}5$; F*: $-5{,}2$

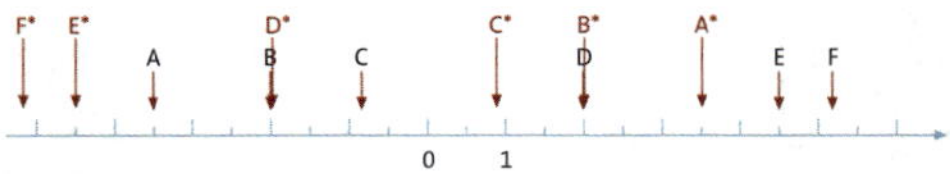

AUFGABE 10 **S. 16**

a)

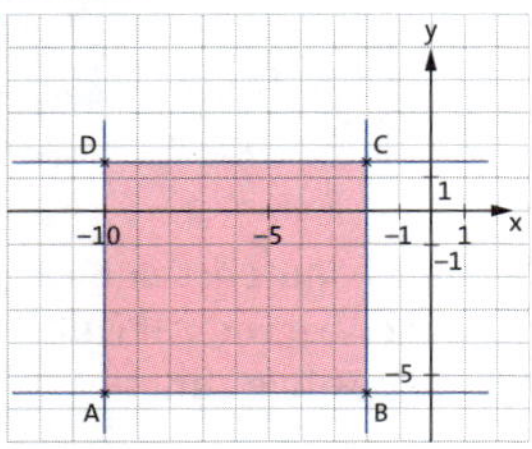

b) a = 8 cm; b = 7 cm
$U = 2 \cdot a + 2 \cdot b = 30$ cm
$A = a \cdot b = 56\ \text{cm}^2$

AUFGABE 11 **S. 16**

a) 2,5; **b)** -18; **c)** 12,05; **d)** 3,1; **e)** $25{,}\overline{3}$ $\left(25\frac{1}{3}\right)$;
f) 4,368

AUFGABE 12 **S. 16**

a) -64; **b)** 5,475 6; **c)** 0,240 1; **d)** 0,240 1

AUFGABE 13 **S. 16**

a) $a \cdot a = -a$; $L = \{a \mid a \le 0\}$
b) $a \cdot (-a) = -1$; $a = 1$ oder $a = -1$
c) $a - |a| = 0$; $L = \{a \mid a \ge 0\}$

AUFGABE 14 **S. 17**

384 v. Chr.; 333 v. Chr.; 247 v. Chr.; 1473; 1866; 1949

AUFGABE 15 **S. 17**

a) kleiner; größer; **b)** $\mathbb{Q}$; $\mathbb{Z}$; **c)** entgegengesetzte;
d) Betrag; **e)** 0; **f)** Es gibt keine kleinste rationale Zahl.

AUFGABE 16 **S. 17**

a) Unterschied bzw. Differenz: 12,1 °C
b) mittlere Außentemperatur: 0,1 °C
c) Abweichungen von der mittleren Temperatur in °C: Mo: $-4{,}3$; Di: $-5{,}7$; Mi: $-2{,}9$; Do: 0,1; Fr: 2,8; Sa: 3,7; So: 6,4
d) Temperatur am Do: 0,2 °C
Temperatur am Mo: 0,2 °C − 1,7 °C = −1,5 °C
Differenz zur Temperatur am Sonntag:
6,5 °C − (−1,5 °C) = 8 °C
Die Temperatur fällt um 8 °C.

AUFGABE 17 **S. 18**

a) Es war im Durchschnitt 13,7 °C unter Null kalt.
b) Maria hat 152 € Schulden.
c) Das Füllgewicht ist um 6,8 g geringer als das angegebene Gewicht (physikalisch korrekt: Masse).
d) Partei A hat 2,4 % mehr, Partei B 5 % weniger Stimmen als bei der letzten Wahl.

AUFGABE 18 **S. 18**

a) $\frac{5}{4}$; b) $-\frac{1}{6}$; **c)** $-\frac{8}{15}$; **d)** $-2{,}26$; **e)** 2,6; **f)** -20

AUFGABE 19 **S. 18**

a) 20,25 und $-20{,}25$; **b)** $-\frac{8}{27}$ und $-\frac{8}{27}$;
c) 343 und -343

AUFGABE 20 **S. 18**

Angebot 2:
199 € + 12 · (24,90 € + 18,90 € + 15,90 €)
= 915,40 €
Differenz zu Angebot 1:
915,40 € − 749 € = 166,40 €
Sie spart 166,40 €.

AUFGABE 21 **S. 18**

Es ist 19 m breit.

AUFGABE 22 **S. 18**

a) 6; **b)** 0,06; **c)** $\frac{11}{13}$

AUFGABE 23 **S. 18**

a) $\left(\frac{1}{3}+\left(-2\frac{1}{2}\right)\right):\left(\frac{1}{3}\cdot\left(-2\frac{1}{2}\right)\right)=2\frac{3}{5}$

b) $-2\frac{2}{3}\cdot 7\frac{1}{2}-5\cdot\left(-4\frac{1}{8}\right)=\frac{5}{8}$

c) $\left(-5\frac{5}{7}\right)\cdot\left(-1\frac{4}{5}\right)-\left(-5\frac{5}{7}-1\frac{4}{5}\right)=17\frac{28}{35}$

AUFGABE 24 **S. 19**

	a)	b)	c)	d)	e)	f)
Gegenzahlen	−28,7	−17,8	39,8	$39\frac{3}{5}$	$-3\frac{3}{10}$	$\frac{17}{25}$
Beträge	28,7	17,8	39,8	$39\frac{3}{5}$	$3\frac{3}{10}$	$\frac{17}{25}$

AUFGABE 25 **S. 19**

x	5	−3	0,8	−2,7	−0,2	0,5	7
y	−7	6	$\frac{2}{3}$	5,4	4,8	0,75	−3
x + y	−2	3	$\frac{22}{15}$	2,7	4,6	1,25	4
x − y	12	−9	$\frac{2}{15}$	−8,1	−5	−0,25	10
3x	15	−9	$\frac{12}{5}$	−8,1	−0,6	1,5	21
$\frac{1}{5}$y	−1,4	1,2	$\frac{2}{15}$	1,08	0,96	0,15	−0,6

AUFGABE 26 **S. 19**

a) 4; −4; **b)** −14; **c)** 5,1; −5,1; **d)** 5; −11

AUFGABE 27 **S. 19**

a	**b**	**c**	**a + b + c**
4	−3	6	7
2,9	−4,6	−9,4	−11,1
$\frac{1}{2}$	$\frac{4}{5}$	$-\frac{5}{6}$	$\frac{7}{15}$
a · b · c	**a · (−b) · c**	**a · (b − c)**	$\frac{a\cdot b}{-c}$
−72	72	−36	2
125,396	−125,396	13,92	≈ −1,42
$-\frac{1}{3}$	$\frac{1}{3}$	$\frac{49}{60}$	$\frac{12}{25}$

AUFGABE 28 **S. 19**

a) −71,3; **b)** 39,34; **c)** −5,9; **d)** 0,56; **e)** −13,77;
f) 0,225 $\left(\frac{9}{40}\right)$

2 Terme und Gleichungen

ÜBUNG 1 **S. 21**

s. Tabelle unten

ÜBUNG 2 **S. 21**

a) (3); **b)** (4); **c)** (1); **d)** (2)

ÜBUNG 1

a) x − 5	**b) −11x + 1**	**c) −2 − 5x**	**d) −3x + 2x**	**e) $-\frac{1}{2}x+\frac{1}{3}$**
$2-5=-3$	$-11\cdot 2+1=-21$	$-2-5\cdot 2=-12$	$-3\cdot 2+2\cdot 2=-2$	$-\frac{1}{2}\cdot 2+\frac{1}{3}=-\frac{2}{3}$
$-1-5=-6$	$-11\cdot(-1)+1=12$	$-2-5\cdot(-1)=3$	$-3\cdot(-1)+2\cdot(-1)=1$	$-\frac{1}{2}\cdot(-1)+\frac{1}{3}=\frac{5}{6}$
$\frac{1}{2}-5=-4\frac{1}{2}$	$-11\cdot\frac{1}{2}+1=-4\frac{1}{2}$	$-2-5\cdot\frac{1}{2}=-4\frac{1}{2}$	$-3\cdot\frac{1}{2}+2\cdot\frac{1}{2}=-\frac{1}{2}$	$-\frac{1}{2}\cdot\frac{1}{2}+\frac{1}{3}=\frac{1}{12}$
$-\frac{1}{4}-5=-5\frac{1}{4}$	$-11\cdot\left(-\frac{1}{4}\right)+1=3\frac{3}{4}$	$-2-5\cdot\left(-\frac{1}{4}\right)=-\frac{3}{4}$	$-3\cdot\left(-\frac{1}{4}\right)+2\cdot\left(-\frac{1}{4}\right)=\frac{1}{4}$	$-\frac{1}{2}\cdot\left(-\frac{1}{4}\right)+\frac{1}{3}=\frac{11}{24}$
$0-5=-5$	$-11\cdot 0+1=1$	$-2-5\cdot 0=-2$	$-3\cdot 0+2\cdot 0=0$	$-\frac{1}{2}\cdot 0+\frac{1}{3}=\frac{1}{3}$
$0{,}2-5=-4{,}8$	$-11\cdot 0{,}2+1=-1{,}2$	$-2-5\cdot 0{,}2=-3$	$-3\cdot 0{,}2+2\cdot 0{,}2=-0{,}2$	$-\frac{1}{2}\cdot 0{,}2+\frac{1}{3}=\frac{7}{30}$

ÜBUNG 3 **S. 21**

a) $x^2 - 15$; $G = \mathbb{Q}$; $(-15)^2 - 15 = 210$

b) $-23 \cdot \frac{n-1}{2}$; $G = \mathbb{N}$; $-23 \cdot \frac{99-1}{2} = -1\,127$

c) $(m+1) - (m-1)$; $G = \mathbb{N}$; $(555+1) - (555-1) = 2$

ÜBUNG 4 **S. 22**

a) $8xy$; **b)** $8x$; **c)** a; **d)** $3x^2y - 2$; **e)** $7x^3 + x + 121$;
f) $-2x + 12$; **g)** $-x + 2y$; **h)** x; **i)** $17x^3 - 7x$

ÜBUNG 5 **S. 22**

a) $3x + 12$; **b)** $5x$; **c)** $8x^2 + 3x$; **d)** $24x + 18$;
e) $ac + ad + bc + bd$; **f)** $rx - ry + sx - sy$;
g) $eg - eh - fg + fh$; **h)** $rs - rt + s^2 - st$

ÜBUNG 6 **S. 22**

a) $5x^2 - 21x$
b) $14x - 28 + 22 - 17x = -3x - 6$
c) $-\frac{1}{3}x^2 - 2x$
d) $32x + 24 + 4x^2 + 3x = 4x^2 + 35x + 24$
e) $3a^2 + 2a - 36a - 24 = 3a^2 - 34a - 24$
f) $a^2b + ab^2 - ab - b^2$
g) $45x^3 - 9x^5 - 35x + 7x^3 = -9x^5 + 52x^3 - 35x$
h) $-xy + x^2 + 2y - 2x$
i) $3(4x + 2x^2 - 6 - 3x) = 6x^2 + 3x - 18$

ÜBUNG 7 **S. 22**

a) $x(15 - x)$; **b)** $y(x + 17 - 4y)$; **c)** $2a(2b - 1 + 8a)$

ÜBUNG 8 **S. 22**

$(2 + x)(x - 4) = 2x - 8 + x^2 - 4x = x^2 - 2x - 8$

ÜBUNG 9 **S. 24**

	a)	b)	c)	d)	e)	f)
$\mathbb{Q}$	{16}	{−7}	{23}	{5,5}	$\left\{\frac{1}{6}\right\}$	{6}
$\mathbb{N}$	{16}	{ }	{23}	{ }	{ }	{6}

ÜBUNG 10 **S. 24**

a)
$$\begin{aligned} 12x - 7 &= 149 && \mid +7 \\ 12x &= 156 && \mid :12 \\ \mathbf{x} &= \mathbf{13} \end{aligned}$$

b)
$$\begin{aligned} -7x - 18{,}2 &= 44{,}8 && \mid +18{,}2 \\ -7x &= 63 && \mid :(-7) \\ \mathbf{x} &= \mathbf{-9} \end{aligned}$$

c)
$$\begin{aligned} \tfrac{3}{2}x - \tfrac{9}{4} &= \tfrac{3}{4} - \tfrac{1}{2}x && \mid +\tfrac{9}{4} \\ \tfrac{3}{2}x &= 3 - \tfrac{1}{2}x && \mid +\tfrac{1}{2}x \\ \mathbf{x} &= \mathbf{1{,}5} \end{aligned}$$

d)
$$\begin{aligned} -x - 5x + 17 &= x - 6{,}5 && \mid -17 \\ -6x &= x - 23{,}5 && \mid -x \\ -7x &= -23{,}5 && \mid :(-7) \\ \mathbf{x} &= \mathbf{\tfrac{47}{14}} \end{aligned}$$

ÜBUNG 11 **S. 24**

a) L = {15}; **b)** L = {−2}; **c)** L = { }; **d)** L = {−100};
e) L = {−8}; **f)** L = $\mathbb{Q}$

ÜBUNG 12 **S. 25**

a) $5x + 20 = 3x + 40 \quad \mid -20$
b) $5x = 3x + 20 \quad \mid -3x$
c) $2x = 20 \quad \mid :2$
d) $x = 10$

ÜBUNG 13 **S. 25**

a) $x > -1$; **b)** $x < 2{,}5$

ÜBUNG 14 **S. 25**

a) $L = \{x \mid x < 15\}$; **b)** $L = \{x \mid x < 518\}$;
c) $L = \{x \mid x > -25\}$; **d)** $L = \{x \mid x \le 20\}$; **e)** $L = \mathbb{Q}$; **f)** L = { }

ÜBUNG 15 **S. 27**

a) $x + 32 = 5x$; $x = 8$
Justin ist 8, sein Vater 40 Jahre alt.
b) $y = \frac{y}{5} + 32$; $y = 40$
Der Vater ist 40 und Justin 8 Jahre alt.

ÜBUNG 16 **S. 27**

a) $x + 7x = 120$; $x = 15$
Emily hat 15, Johanna 105 Murmeln.
b) $y + \frac{y}{7} = 120$; $y = 105$
Johanna hat 105, Emily 15 Murmeln.

ÜBUNG 17 **S. 27**

a) $x = (50 + 25) \cdot 4 = 300$
Das Fahrrad kostet 300 €.
b) x sei der Betrag des Geldgeschenkes der Tante in €: $3(x + 2x) = 270$; $x = 30$.
Nele bekommt von der Tante 30 €, von der Oma 60 €.

ÜBUNG 18 **S. 28**

$35 = 2x + 2x + x; x = 7$
Die Grundseite ist 7 cm, jeder Schenkel 14 cm lang.

ÜBUNG 19 **S. 28**

$72 = x + x + 2x + 2x;$
$x = 12$
Das Rechteck ist 12 cm breit und 24 cm lang.

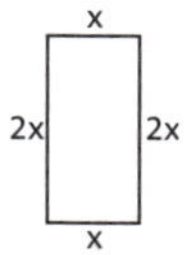

ÜBUNG 20 **S. 28**

x sei die Maßzahl der Höhe in cm:
$x + x + x + x + 3x + 3x + 3x + 3x + 6x + 6x + 6x + 6x = 440; x = 11.$
Der Quader ist 11 cm hoch, 33 cm breit und 66 cm lang.

ÜBUNG 21 **S. 28**

x sei der Betrag in €, den Eric erhält:
$x + 2x = 900 - 150; x = 250$
Eric bekommt 250 €, Moritz bekommt 500 €.

ÜBUNG 22 **S. 28**

a) $n + 2n = 120; n = 40$
Die eine Zahl ist 40, die andere 80.
b) $n + 5n = 120; n = 20$
Die eine Zahl ist 20, die andere 100.
c) $n + \frac{n}{3} = 120; n = 90$
Die eine Zahl ist 90, die andere 30.

ÜBUNG 23 **S. 28**

a) $210 = x + x + 2x + 2x; x = 35$
Die Seiten der Bodenfläche sind 35 cm bzw. 70 cm lang. Der Flächeninhalt beträgt 2 450 cm².
b) $x \cdot 2x \cdot 30 = 37\,500 \Leftrightarrow x^2 = 625 \Rightarrow x = 25$
Sie muss die Maße 50 cm × 25 cm × 30 cm haben.

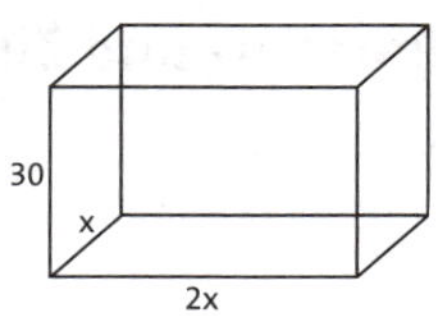

ÜBUNG 24 **S. 28**

a) $250t = 100(t + 6); t = 4$. Seine Schwester holt ihn nach 4 Minuten ein.
b) Die beiden sind dann 1 km von zu Hause entfernt.

Klassenarbeiten

AUFGABE 1 **S. 29**

a) $2 \cdot 2 + (-3) = 1$
b) $-2 \cdot 2 - (-3) + \frac{2}{3} = -\frac{1}{3}$
c) $\frac{2}{3} \cdot 2 \cdot (-1 + \frac{2}{3}) - (-3)^2 = -9\frac{4}{9}$

AUFGABE 2 **S. 29**

a) $[x + (-7)] \cdot 3 - 7 = 3x - 21 - 7 = 3x - 28$
b) $-12(n + 1) = -12n - 12$

AUFGABE 3 **S. 29**

a) $-5x - 11$; **b)** $4a + 3ab$; **c)** $0{,}4x^2 + 0{,}8x$

AUFGABE 4 **S. 29**

a) $8a + 14 + 4a^2 + 7a = 4a^2 + 15a + 14$
b) $11a^2 + 7a - 121a - 77 = 11a^2 - 114a - 77$
c) $4x^2 + 2x^3 - 6x - 3x^2 = 2x^3 + x^2 - 6x$

AUFGABE 5 **S. 29**

a) $L = \{44{,}5\}$; **b)** $L = \{4\}$; **c)** $L = \{-3\}$;
d) $L = \{x | x > -33\}$

AUFGABE 6 **S. 29**

x sei Sabines Alter: $5(x - 40) = x; x = 50$
Sabine ist 50 Jahre alt.

AUFGABE 7 **S. 29**

n sei die Seitenzahl auf der linken Seite:
$n + n + 1 = 249; n = 124$
Die Seitenzahl auf der linken Seite ist 124.

AUFGABE 8 **S. 29**

$\alpha + \beta + \gamma = 180°, \alpha = \beta, \alpha + 30° = \gamma;$
also $\alpha + \alpha + 30° + \alpha = 180°$ und somit $3\alpha = 150°$ bzw. $\alpha = 50°$ und damit auch $\beta = 50°$; $\gamma = 80°$.

AUFGABE 9 **S. 30**

a) $2x$; **b)** $x + 7$; **c)** $3x - 2$; **d)** x^2; **e)** $x - \frac{4}{7}$; **f)** $\frac{x}{7}$;
g) x^3; **h)** $5x + 9{,}5$; **i)** $\frac{1}{4x}$

AUFGABE 10 **S. 30**

a) das 2,8-Fache einer Zahl vermindert um 4
b) der Betrag der Summe zweier Zahlen
c) das 3-Fache einer Zahl um 5 vermehrt und diese Summe dividiert durch die Zahl

d) das Quadrat der Differenz zweier Zahlen
e) das Produkt aus der Summe zweier Zahlen und ihrer Differenz
f) die Differenz aus dem Fünffachen einer Zahl und dem Dreifachen einer anderen Zahl

AUFGABE 11 **S. 30**

a) $15x + 9$; **b)** $5x + 40$; **c)** $-2u + v$; **d)** $-30a + 80$;
e) $t^2 + 12t + 7$; **f)** $t^2 + 19t + 84$

AUFGABE 12 **S. 30**

a) $L = \{4\}$; **b)** $L = \left\{-\frac{24}{25}\right\}$; **c)** $L = \{...; 39; 40; 41\}$;
d) $L = \{-1{,}7\}$

AUFGABE 13 **S. 30**

a) $0 = 0$
Jede rationale Zahl erfüllt die Gleichung, es existieren unendlich viele Lösungen, $L = \mathbb{Q}$.
b) $|9a| = -3{,}2$
Es existiert keine Lösung, da der absolute Betrag einer Zahl nicht negativ ist, $L = \{\}$.

AUFGABE 14 **S. 30**

$x + 2x + 3x = x^2$; $L = \{6\}$
Diese Zahl ist 6, zwar erfüllt auch 0 die Bedingungen, ist aber keine positive Zahl.

AUFGABE 15 **S. 30**

$300\,hl = 30\,000\,dm^3 = 30\,m^3$
$V = a \cdot b \cdot c = 2\,m \cdot 4\,m \cdot x = 30\,m^3$; $x = 3{,}75\,m$
Das Wasser steht im Tank 3,75 m hoch.

AUFGABE 16 **S. 31**

a) $4x - 16$; **b)** $(x - y)^3$; **c)** $x \cdot (x + 1), x \in \mathbb{N}$;
d) $2x \cdot (2x + 2), x \in \mathbb{N}$

AUFGABE 17 **S. 31**

		0	−2,5	0,6	7	$\frac{2}{5}$
a)	$3a - 5$	−5	−12,5	−3,2	16	−3,8
b)	$7 - 2k$	7	12	5,8	−7	6,2
c)	$\|m\| \cdot (m - 1)$	0	−8,75	−0,24	42	−0,24
d)	$\|3g - 5\|$	5	12,5	3,2	16	3,8
e)	$(x + 3) \cdot (x - 3)$	−9	−2,75	8,64	40	−8,84
f)	$y - y^2$	0	−8,75	0,24	−42	0,24
g)	$\frac{2}{x}$	nicht def.	−0,8	$\frac{10}{3}$	$\frac{2}{7}$	5
h)	$\frac{a+1}{a-1}$	−1	$\frac{3}{7}$	−4	$\frac{4}{3}$	$-\frac{7}{3}$

AUFGABE 18 **S. 31**

a) nicht gleichwertig, da $3x \neq x^3$
b) gleichwertig
c) nicht gleichwertig, entspricht keiner Rechenregel
d) gleichwertig

AUFGABE 19 **S. 31**

Susannes Alter: x; Thomas' Alter: $x + 4$
$x + x + 4 = 94$; $x = 45$; $x + 4 = 49$
Susanne ist 45, Thomas 49 Jahre alt.

AUFGABE 20 **S. 31**

a) -7; **b)** $-3{,}5m - 15n + 26$; **c)** $-20a - 6b + 5$;
d) $-14{,}6x$

AUFGABE 21 **S. 31**

a) $x = 2$; **b)** $x = -200$; **c)** $a > 0{,}38$;
d) Es gibt unendlich viele Lösungen, jede rationale Zahl erfüllt die Gleichung.

AUFGABE 22 **S. 31**

Innenwinkelsatz: $\alpha + \beta + \gamma = 180°$;
$2\gamma + \frac{1}{3}\gamma + \gamma = 180°$; $\gamma = 54°$; $\alpha = 108°$, $\beta = 18°$

AUFGABE 23 **S. 31**

$\frac{x}{3} - 11 = 4x$; $x = -3$
Die gesuchte Zahl ist −3.

3 Prozent- und Zinsrechnung

ÜBUNG 1 **S. 33**

a) 43 %; **b)** $\frac{26}{100} = 26\,\%$; **c)** $\frac{40}{100} = 40\,\%$

ÜBUNG 2 **S. 33**

a) $\frac{15}{100} = \frac{3}{20}$; **b)** $\frac{25}{100} = \frac{1}{4}$; **c)** $\frac{60}{100} = \frac{3}{5}$; **d)** $\frac{75}{100} = \frac{3}{4}$;
e) $\frac{150}{100} = \frac{3}{2}$; **f)** $\frac{250}{100} = \frac{5}{2}$

ÜBUNG 3 **S. 33**

a) $\frac{7}{100} = 0{,}07$; **b)** $\frac{23}{100} = 0{,}23$; **c)** $\frac{44}{100} = 0{,}44$;
d) $\frac{115}{100} = 1{,}15$; **e)** $\frac{11{,}8}{100} = 0{,}118$; **f)** $\frac{0{,}5}{100} = 0{,}005$

ÜBUNG 4 **S. 33**

a) $\frac{80}{100} = 80\,\%$; **b)** $\frac{19}{20} = \frac{95}{100} = 95\,\%$;
c) $\frac{50}{250} = \frac{1}{5} = 20\,\%$; **d)** $\frac{60}{3000} = \frac{1}{50} = 2\,\%$

ÜBUNG 5 **S. 33**

a) $4\,\% < 7\,\%$; **b)** $25\,\% > \frac{1}{5}$; **c)** $0{,}75 < \frac{7}{5}$; **d)** $\frac{3}{5} < \frac{52}{80}$;
e) $7{,}8 > 7{,}8\,\%$; **f)** $\frac{99}{100} > \frac{9}{11}$

ÜBUNG 6 **S. 34**

a) $\frac{27}{100} = 27\,\%$; **b)** $\frac{10}{20} = \frac{50}{100} = 50\,\%$;
c) $\frac{9}{25} = \frac{36}{100} = 36\,\%$; **d)** $\frac{5}{8} = 62{,}5\,\%$;

ÜBUNG 7 **S. 34**

Mögliche Lösungen:

a) 

b) 

c) 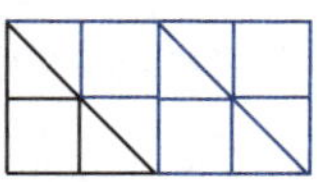

d) 

ÜBUNG 8 **S. 34**

Ben: $\frac{21}{30} = \frac{7}{10} = 70\,\%$; Jakob: $\frac{13}{20} = \frac{6{,}5}{10} = \frac{65}{100} = 65\,\%$
Ben hat die höhere Trefferquote.

ÜBUNG 9 **S. 36**

a) $p\,\% = 50\,\%$; **b)** $p\,\% = 25\,\%$; **c)** $p\,\% = 75\,\%$

ÜBUNG 10 **S. 36**

a) $p\,\% = 12\,\%$; **b)** $p\,\% = 4\,\%$; **c)** $p\,\% = 55\,\%$;
d) $p\,\% = 65\,\%$; **e)** $p\,\% = 85\,\%$; **f)** $p\,\% = 4{,}8\,\%$

ÜBUNG 11 **S. 36**

a) $W = 150$; **b)** $W = 15$; **c)** $W = 16$

ÜBUNG 12 **S. 36**

a) $W = 30$; **b)** $W = 39$; **c)** $W = 308$; **d)** $W = 122{,}5$;
e) $W = 10$; **f)** $W = 1{,}9395$

ÜBUNG 13 **S. 36**

a) $G = 32$; **b)** $G = 140$; **c)** $G = 600$

ÜBUNG 14 **S. 36**

a) $G = 1\,100$; **b)** $G = 900$; **c)** $G = 1\,800$;
d) $G = 1\,000$; **e)** $G = 5\,600$; **f)** $G = 1\,380$

ÜBUNG 15 **S. 36**

a) 34,2 kg; **b)** 483 €; **c)** 4,9 %; **d)** 12,5 %;
e) 240 m^2; **f)** 1 200 €

ÜBUNG 16 **S. 37**

a) Es arbeiten 63 Frauen in der Firma.
b) 30 % der Mitarbeiter sind im Büro tätig.
c) Der Betrieb hat 175 Beschäftigte.

ÜBUNG 17 **S. 37**

a) Mädchen: $\frac{27}{45} = 60\,\%$ (Jungen: 40 %)
60 % sind Mädchen; 40 % sind Jungen.
b) Mädchen: $\frac{30}{48} = 62{,}5\,\%$ (Jungen: 37,5 %)
Wenn 3 neue Mädchen dazukommen, beträgt der prozentuale Anteil der Mädchen 62,5 %, der der Jungen 37,5 %.

ÜBUNG 18 **S. 38**

a) $100\,\% - 30\,\% = 70\,\%$
Er muss noch 70 % des ursprünglichen Preises bezahlen.
$70\,\% \mathrel{\hat{=}} 70$ €, d. h. $100\,\% \mathrel{\hat{=}} 100$ €.
Er spart 30 €.
b) $100\,\% - 15\,\% = 85\,\%$
Er muss noch 85 % des ursprünglichen Preises bezahlen.
$85\,\% \mathrel{\hat{=}} 68$ €, d. h. $100\,\% \mathrel{\hat{=}} 80$ €.
Er bekommt 12 € Rabatt.
c) Die Anlage kostet nach der Preiserhöhung $117\,\% = 175{,}50$ €. Damit gilt: $100\,\% \mathrel{\hat{=}} 150$ €.
Vorher hat die Anlage 150 € gekostet.

ÜBUNG 19 **S. 38**

Die Sonderpackung enthält 50 % mehr Inhalt, d. h., sie enthält 150 % des normalen Packungsinhalts: $150\,\% \mathrel{\hat{=}} 6$ Muffins, $100\,\% \mathrel{\hat{=}} 4$ Muffins.
In der Originalverpackung sind 4 Muffins enthalten.

ÜBUNG 20 **S. 38**

a)

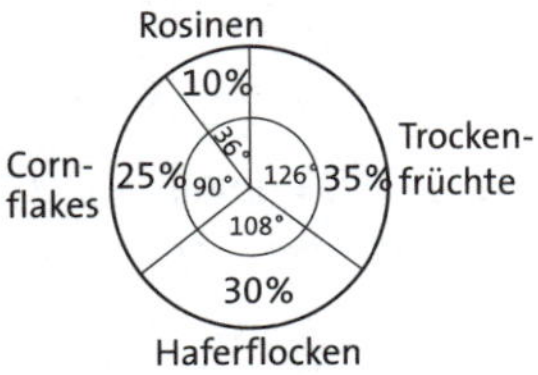

b)

Trockenfrüchte	Haferflocken	Cornflakes	Rosinen
35 mm ≙ 35 %	30 mm ≙ 30 %	25 mm ≙ 25 %	10 mm ≙ 10 %

ÜBUNG 21 **S. 40**

K	600	800	1 200	7 124
p	3 %	5 %	2 %	1,5 %
Z	18	40	24	106,86

ÜBUNG 22 **S. 40**

Ab 2018 mit gerundeten Werten:

Jahr	Guthaben ohne Zinsen	Zinsen	Guthaben mit Zinsen
2016	1 000 €	30 €	1 030 €
2017	1 030 €	30,90 €	1 060,90 €
2018	1 060,90 €	31,83 €	1 092,73 €
2019	1 092,73 €	32,78 €	1 125,51 €

ÜBUNG 23 **S. 40**

t = 15 + 5 · 30 + 20 = 185 Tage

$Z_t = \frac{500\text{ €} \cdot 2{,}5 \cdot 185}{100 \cdot 360} = 6{,}42\text{ €}$

Stella bekommt 6,42 € Zinsen.

Klassenarbeiten

AUFGABE 1 **S. 41**

a)

Bruch	Prozent	Dezimalzahl
$\frac{1}{25}$	4 %	0,04
$\frac{64}{100} = \frac{16}{25}$	64 %	0,64

b)

Bruch	Prozent	Dezimalzahl
$2\frac{1}{4}$	225 %	2,25
$\frac{45}{1000} = \frac{9}{200}$	4,5 %	0,045

AUFGABE 2 **S. 41**

a) 60 %; **b)** 60 %; **c)** 24 %; **d)** 112,5 %

AUFGABE 3 **S. 41**

a)	b)	c)	d)
140	12	40	150
+5 %	+15 %	+45 %	–8 %
147	16	58	138

AUFGABE 4 **S. 41**

a) Es sind 8,75 g Salz enthalten.

b) In der 1-kg-Mischung (Meerwasser) sind 35 g Salz enthalten, damit sind in der 5-kg-Mischung auch 35 g Salz enthalten. 35 g von 5 000 g entsprechen 0,7 %. Der Salzgehalt beträgt also 0,7 %.

AUFGABE 5 **S. 41**

a) Nach 9 Monaten sind 505,63 € auf seinem Sparbuch.

b) 14. Geburtstag: 507,50 €; 15. Geburtstag: 515,11 €; 16. Geburtstag: 522,84 €.
(2. Lösungsweg: $500\text{ €} \cdot 1{,}015^3 = 522{,}84\text{ €}$)

c) Der Bezug von 6 € Zinsen in 3 Monaten entspricht einem Jahreszins von 24 €. Damit würde der Zinssatz 4,8 % betragen.

AUFGABE 6 **S. 41**

5 % von 2 000 ml entsprechen 100 ml;
40 % von 1 000 ml entsprechen 400 ml. Damit enthält die Mischung 500 ml Saft von 3 000 ml, das entspricht einem Prozentsatz von etwa 16,7 %.

AUFGABE 7 **S. 42**

G	200	450	560	48
p %	32,8 %	44 %	37,2 %	135 %
W	65,60	200	208,32	64,8

AUFGABE 8 **S. 42**

a) 300 €; **b)** ≈ 645,2 m^3

AUFGABE 9 **S. 42**

a) 15 %; **b)** 70 %; **c)** 60 %; **d)** 87,5 %;
e) 28 %; **f)** 15 %

AUFGABE 10 **S. 42**

a) $\frac{79}{100} = 79\,\%$; **b)** $\frac{9}{10} = 90\,\%$; **c)** $\frac{3}{25} = 12\,\%$;

d) $\frac{233}{500} = 46{,}6\,\%$; **e)** $\frac{180}{6000} = 3\,\%$; **f)** $\frac{11}{40} = 27{,}5\,\%$;

g) $\frac{333}{200} = 166{,}5\,\%$; **h)** $\frac{42}{300} = 14\,\%$; **i)** $\frac{65}{13} = 500\,\%$

AUFGABE 11 **S. 42**

a) 385 €; 437,5 €; 493,5 €
b) 0,55 t; 0,65 t; 1,375 t

AUFGABE 12 **S. 42**

a) 5,44 km; 3,4 km; 2,38 km
b) 45,6 mm; 44,16 mm; ≈ 41,7 mm

AUFGABE 13 **S. 42**

a) Zinsen für ein Jahr, also 360 Tage:
$Z = \frac{K \cdot p}{100} = \frac{6000 \cdot 4{,}5}{100}\,€ = 270\,€$;
Zinsen für 200 Tage: $Z = \frac{270}{360} \cdot 200\,€ = 150\,€$;
b) 10,59 €; **c)** 1 080 €;
d) 27 € + 18,68 € = 45,68 €

AUFGABE 14 **S. 43**

a)		b)	
1 %	3 kg	50 %	400 m
10 %	30 kg	1 %	8 m
20 %	60 kg	6 %	48 m
40 %	120 kg	15,3 %	122,4 m
75 %	225 kg	124 %	992 m

AUFGABE 15 **S. 43**

a) $W = \frac{p \cdot G}{100}$:
Fußball: 344; Handball: 224; Bowling: 154;
Tennis: 92; Fans: 5,4 %
Das entspricht 46.

b)

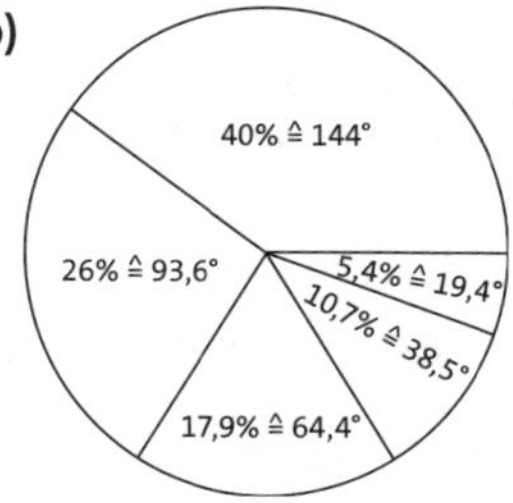

AUFGABE 16 **S. 43**

a) Fünf Monatskarten kosten 5 · 23 € = 115 €.
80 € sind 69,6 % von 115 €; also spart sie 30,4 %.
b) Neun Monatskarten kosten 9 · 23 € = 207 €.
Mit der Jahreskarte spart Julia
207 € – 145 € = 62 €, das entspricht 30 %.

AUFGABE 17 **S. 43**

a) $Z = \frac{K \cdot p}{100} = \frac{5800 \cdot 3{,}2}{100}\,€ = 185{,}60\,€$;
b) 251,20 €; **c)** 580,50 €; **d)** 2 061 €;
e) $Z = \frac{2061}{360} \cdot 230\,€ = 1316{,}75\,€$

AUFGABE 18 **S. 44**

a) G = 40 t; **b)** G = 180 m^2; **c)** G ≈ 8 920 kg

AUFGABE 19 **S. 44**

a)

Prozente	50 %	10 %	45 %	15 %	0,5 %	90 %
Brüche	$\frac{1}{2}$	$\frac{1}{10}$	$\frac{9}{20}$	$\frac{3}{20}$	$\frac{1}{200}$	$\frac{9}{10}$
Dezimalzahl	0,5	0,1	0,45	0,15	0,005	0,9

b)

Brüche	$\frac{3}{10}$	$\frac{3}{4}$	$\frac{7}{50}$	$\frac{17}{25}$	$\frac{9}{20}$	$\frac{105}{100}$
Prozente	30 %	75 %	14 %	68 %	45 %	105%
Dezimalzahl	0,3	0,75	0,14	0,68	0,45	1,05

AUFGABE 20 **S. 44**

a) $25\,\% = \frac{1}{4} = 0{,}25$; **b)** $75\,\% = \frac{3}{4} = 0{,}75$;
c) $37{,}5\,\% = \frac{3}{8} = 0{,}375$; **d)** $40\,\% = \frac{2}{5} = 0{,}4$

AUFGABE 21 S. 44

a) Bei 3 % Skonto bezahlt Herr Gern 97 % des Rechnungsbetrages. Der Rechnungsbetrag ist also:

$G = \frac{W \cdot 100}{p} = \frac{411{,}43 \cdot 100}{97}\,€ = 424{,}15\,€$

Bei 15 % Rabatt entspricht der Rechnungsbetrag 85 % des Listenpreises:

$G = \frac{W \cdot 100}{p} = \frac{424{,}15 \cdot 100}{85}\,€ = 499\,€$

Der Listenpreis beträgt also 499 €.

b) Er spart 499 € – 411,43 € = 87,57 €; das sind 17,55 % vom Listenpreis.

AUFGABE 22 S. 45

a) Bei 15 % Preisnachlass bezahlt man noch 85 %:

$G = \frac{W \cdot 100}{p} = \frac{339 \cdot 100}{85}\,€ = 398{,}82\,€ \approx 399\,€$

b) um 60 €; **c)** um 67,9 %

AUFGABE 23 S. 45

a) Notendurchschnitt: 3,24

b) Es sind 25 Schüler in der Klasse, davon haben eine 1: 12 %; eine 2: 20 %; eine 3: 24 %; eine 4: 24 %; eine 5: 16 %; eine 6: 4 %.

c)

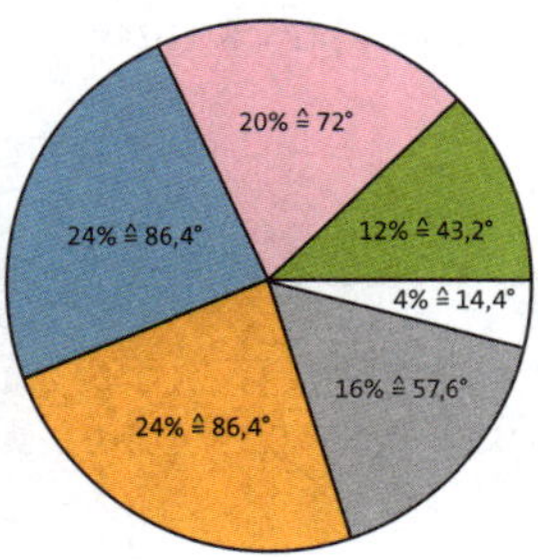

AUFGABE 24 S. 45

Guthaben	350 €	10 200 €	10 030 €	1 800 €
Zinssatz	4,25 %	3,75 %	5 %	4 %
Jahreszinsen	14,88 €	382,50 €	501,50 €	72 €
Zinszeit	265 Tage	200 Tage	295 Tage	250 Tage
Zinsen	10,95 €	212,50 €	410,95 €	50 €

AUFGABE 25 S. 45

Beide zahlen den Betrag x ein. Die Zinsen nach einem Jahr betragen bei Louisa:

$Z = \frac{K \cdot p}{100} = \frac{x \cdot 3{,}5}{100} = 0{,}035x;$

bei Tobias 0,04x.

Tobias' Kontostand ist am Jahresende um 4 € höher, Louisa hat also 4 € weniger Zinsen bekommen:

$0{,}035x = 0{,}04x - 4;\ x = 800\,€$

Beide haben 800 € eingezahlt.

4 Zuordnungen und lineare Funktionen

ÜBUNG 1 S. 47

Zuordnungen beschreiben Beziehungen zwischen Größen aus zwei Mengen. Darstellungsmöglichkeiten sind Pfeildiagramme, Säulendiagramme, Tabellen, Texte und Zuordnungsvorschriften.

ÜBUNG 2 S. 47

Zuordnung: *Anzahl der Schüler → Hobbys*

Anzahl der Schüler	14	8	3	2
Hobbys	Fußball	Inlineskaters	reiten	lesen

ÜBUNG 3 S. 47

a) Es sind 24 Schüler in der Klasse 7 b.

b)

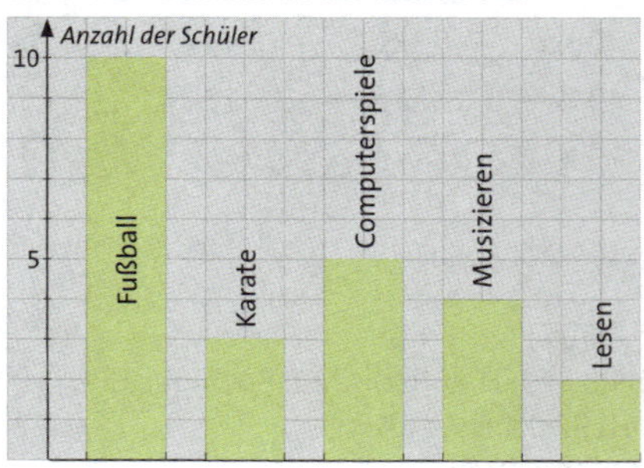

ÜBUNG 4 **S. 47**

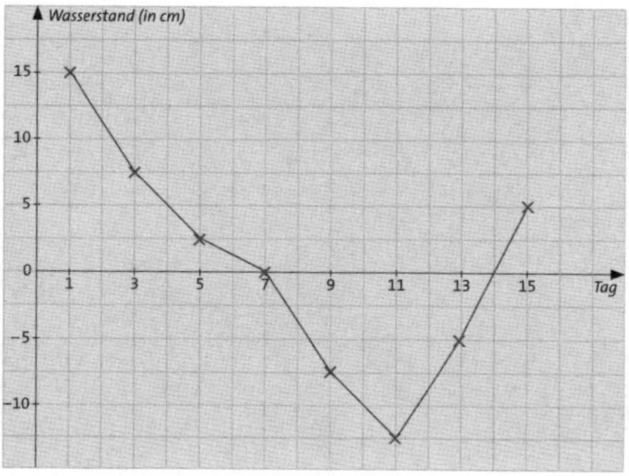

ÜBUNG 5 **S. 48**

a) Zwischen dem 1. und dem 7. Tag sowie zwischen dem 14. und 15. Tag lag der Wasserstand über dem Durchschnittswert. Zwischen dem 7. Tag und dem 14. Tag lag der Wasserstand unter dem Durchschnittswert.
b) Am 7. Tag und ungefähr am 14. Tag entsprach der Wasserstand dem Durchschnittswert.
c) 4. Tag: ca. 5 cm über dem Durchschnittswert, 10. Tag: ca. 10 cm unter dem Durchschnittswert (–10 cm).
d) Zwischen dem 1. und dem 11. Tag ist der Wasserstand gefallen, zwischen dem 11. und dem 15. Tag ist der Wasserstand gestiegen.

ÜBUNG 6 **S. 48**

x	0	1	2	5	7	10
2x + 1	1	3	5	11	15	21

ÜBUNG 7 **S. 48**

a) $y = 5x$

x	0	1	2	3	4	5
5x	0	5	10	15	20	25

b) $y = 2x + 2$

x	0	1	2	3	5	10
2x + 2	2	4	6	8	12	22

ÜBUNG 8 **S. 50**

x	25	1	10	2
y	40	1,6	16	3,2

ÜBUNG 9 **S. 50**

x	10	1	30	50	70
y	5	0,5	15	25	35

Zuordnungsvorschrift: $y = 0{,}5 \cdot x$

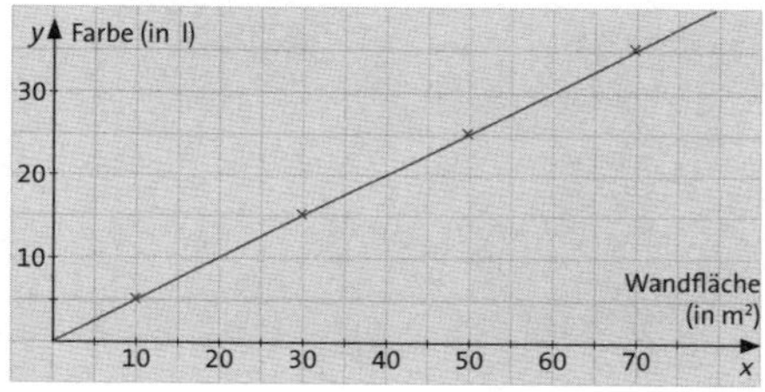

ÜBUNG 10 **S. 51**

x	16	2	10	6,4
y	4	32	6,4	10

ÜBUNG 11 **S. 51**

Anzahl Teilnehmer	15	1	6	10	20
Expeditionsdauer	12	180	30	18	9

Zuordnungsvorschrift: $y = \frac{180}{x}$

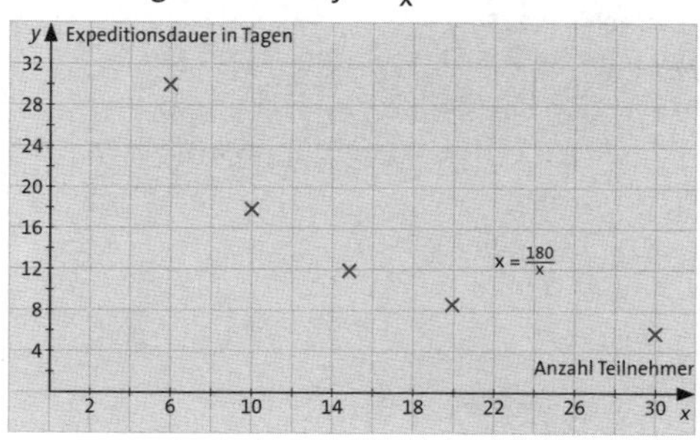

Die Punkte liegen auf einer Hyperbel, aber in diesem Fall ist es nicht sinnvoll, die Punkte miteinander zu verbinden, da man eine Expeditionsdauer für „10,5 Expeditionsteilnehmer“ nicht berechnen will.

ÜBUNG 12 **S. 52**

a)

Anzahl Frikadellen	1	15	20	25	35
Preis in €	1,25	18,75	25	31,25	43,75

Es handelt sich um eine proportionale Zuordnung mit der Zuordnungsvorschrift $y = 1{,}25 \cdot x$, da $m = 1{,}25$.

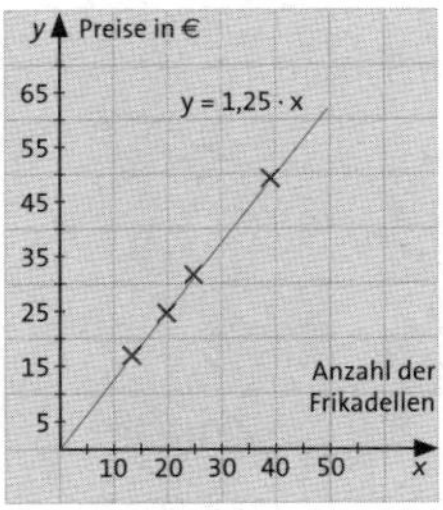

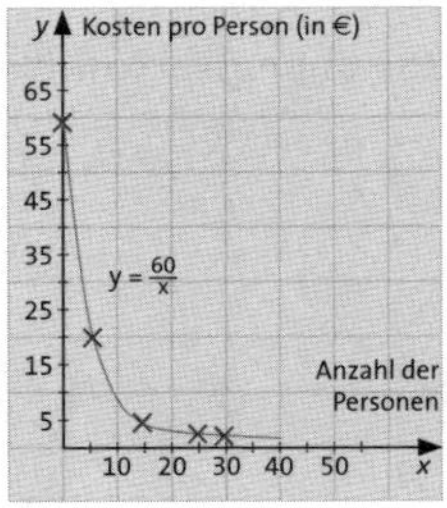

b)

Anzahl Personen	1	15	20	25	30
Kosten in €	60	4	3	2,40	2

Es handelt sich um eine indirekt (umgekehrt) proportionale Zuordnung mit der Zuordnungsvorschrift $y = \frac{60}{x}$, da $k = 60$.

ÜBUNG 13 **S. 54**

a) $m = 5, c = 2, P(0|2)$
b) $m = -2, c = 1, P(0|1)$
c) $m = 1, c = 0, P(0|0)$

ÜBUNG 14 **S. 54**

a) $y = 0{,}5 \cdot 3 + 4 = 5{,}5$; $y = 5{,}5$; $P(3|5{,}5)$
b) $y = -1{,}8 \cdot 5 + 2 = -7$; $y = -7$; $P(5|-7)$
c) $y = \frac{3}{4} \cdot 4 - \frac{1}{2} = 2{,}5$; $y = 2{,}5$; $P(4|2{,}5)$

ÜBUNG 15 **S. 54**

a)–f)

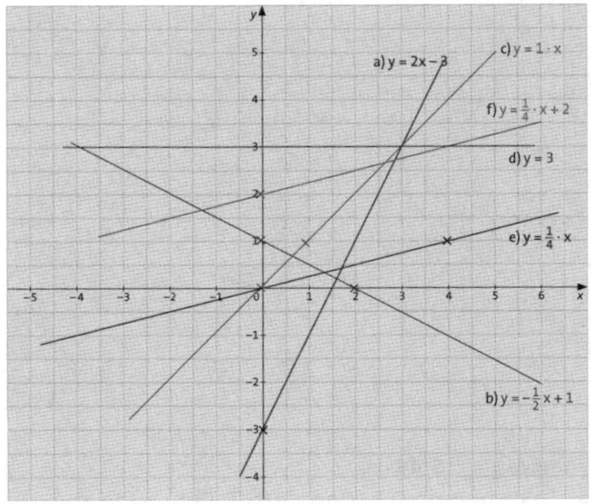

ÜBUNG 16 **S. 55**

a) $x = 2{,}5$; **b)** $x = 1$; **c)** $x = 2$

ÜBUNG 17 **S. 55**

a) $x = 2$; **b)** $x = 4$; **c)** $x = -5$

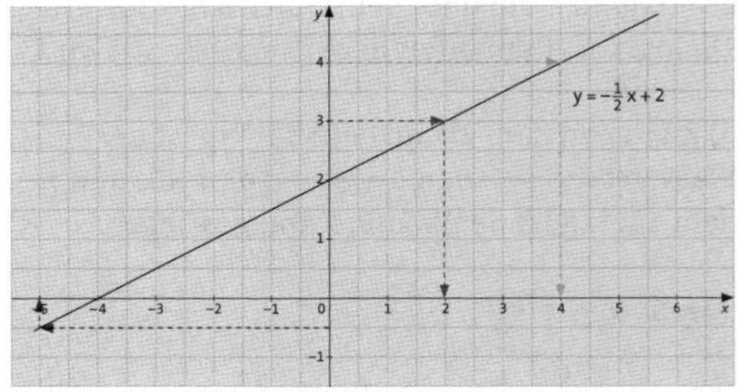

ÜBUNG 18 **S. 55**

a) $y = 3x - 1{,}5$; $x = 3$

b) $y = -\frac{1}{2}x - 2$; $x = 2$

c) $-3x = -9$ ist gleichbedeutend mit $3x = 9$ und gleichbedeutend mit $3x - 1{,}5 = 7{,}5$. Daraus folgt: $y = 3x - 1{,}5 = 7{,}5$; damit gilt $x = 3$.

ÜBUNG 19 **S. 55**

a) Da die Gleichung zwei Lösungen hat, hat sie unendlich viele Lösungen: $L = \mathbb{Q}$.
b) Beispielsweise $x + 4 = x - 4$ und $x + 3 = x$ sind Gleichungen, die keine Lösung haben.

ÜBUNG 20 **S. 57**

a) keine Lösung, da $3 \cdot 0 + 2 \cdot 5 = 10$
b) keine Lösung, da $3 \cdot 2 + 2 \cdot 0 = 6$
c) ist Lösung, da $3 \cdot 0 + 2 \cdot 6 = 12$
d) ist Lösung, da $3 \cdot 2 + 2 \cdot 3 = 12$

ÜBUNG 21 **S. 57**

a) (0|2), (2|1)
b)

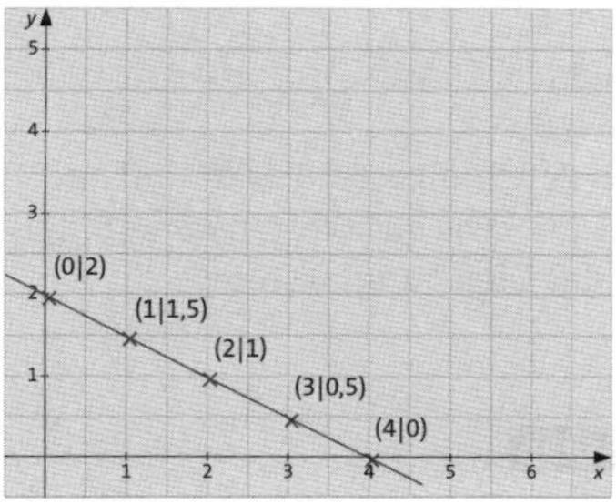

c) (1|1,5), (4|0), (3|0,5)

ÜBUNG 22 **S. 57**

Nein, die drei Zahlenpaare können nicht Lösung einer einzigen linearen Gleichung sein, denn die drei Punkte liegen nicht auf einer Geraden.

ÜBUNG 23 **S. 57**

a) Zahlenpaar ist Lösung; **b)** Zahlenpaar ist nicht Lösung; **c)** Zahlenpaar ist Lösung.

ÜBUNG 24 **S. 58**

s. unten

ÜBUNG 25 **S. 58**

a) (I) $2x + y = 3$; (II) $3x + 4y = 7$
b) (I) $x + y = 7$; (II) $2x - y = -1$
c) (I) $x + 2y = 5$; (II) $2x - 2y = 7$

ÜBUNG 26 **S. 58**

a) Beispielsweise das LGS (I) $x + y = 4$; (II) $2x + 3y = 11$ hat nur eine Lösung, nämlich das Wertepaar (1|3)
b) (I) $x + y = 2$; (II) $2x + y = 4$
c) (I) $x + y = 0$; (II) $x + y = 2$
d) (I) $x + y = 2$; (II) $2x + 2y = 4$

ÜBUNG 27 **S. 58**

(I) $y = -4x + 3$
(II) $y = 2x + 3$
Lösung (0|3)
Wenn sich beide Geraden schneiden, gibt es einen gemeinsamen Punkt, den man rechnerisch durch Ersetzen einer Variablen in einer Gleichung mithilfe der anderen Gleichung ermitteln kann. Laufen die Geraden parallel, gibt es keine Lösung.

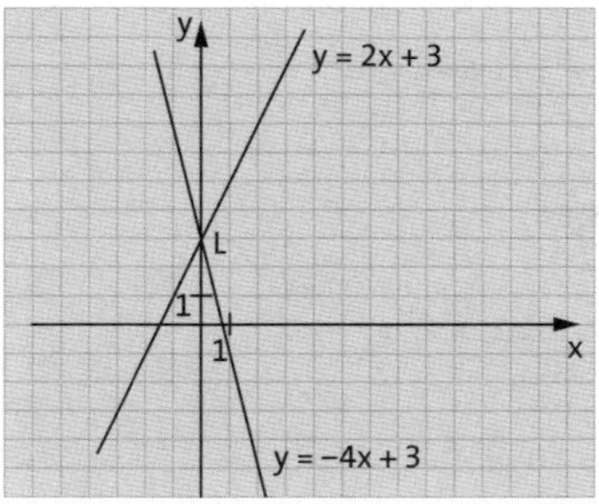

ÜBUNG 24

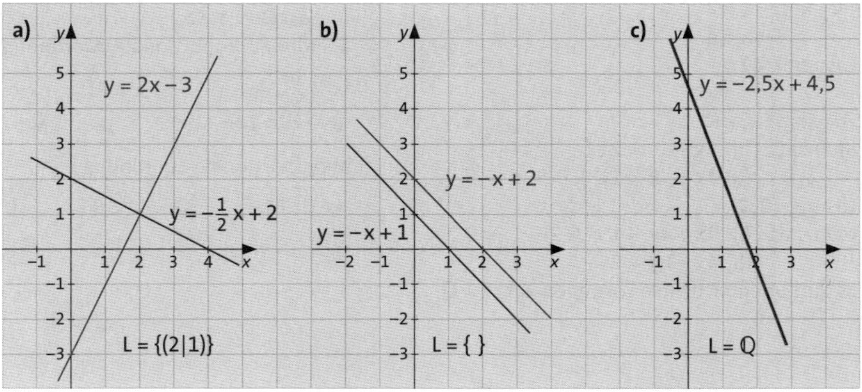

ÜBUNG 28 **S. 60**

$2x - 2 = 3x - 4 \quad | -2x + 2$

$0 = x - 2$

$x = 2$

$y = 2 \cdot 2 - 2$

$y = 2$ Lösung: (2|2)

ÜBUNG 29 **S. 60**

a) Ansatz: $4x + 2 = 4x + 3$

Lösung: L = { }

b) Ansatz: $x - 1 = -x + 9$

Lösung: (5|4)

ÜBUNG 30 **S. 60**

$x + (5x - 4) = 2 \quad | +4$

$6x = 6 \quad | : 6$

$x = 1$

$y = 5 \cdot 1 - 4$

$y = 1$ Lösung: (1|1)

ÜBUNG 31 **S. 61**

a) Ansatz: $4x + 2(2x + 4) = 8$;

Lösung (0|4)

b) Ansatz: $4(3x - 3) + 4x = 12$;

Lösung: (1,5|1,5)

ÜBUNG 32 **S. 61**

(I) $2x - 3y = 2$

(II) $x - 4y = -4 \quad | \cdot (-2)$

(I) $2x - 3y = 2$

(II) $-2x + 8y = 8$

$5y = 10 \quad | : 5$

$y = 2$

$2 \cdot x - 3 \cdot 2 = 2$

$x = 4$

Lösung: (4|2)

ÜBUNG 33 **S. 61**

a) Ansatz: (I) $3x + 5y = 21$

(II) $4x + y = 11 \quad | \cdot (-5)$

Lösung: (2|3)

b) Ansatz: (I) $2x + 4y = 1 \quad | \cdot (-2)$

(II) $4x + 8y = 2$

Es gibt unendlich viele Lösungen, d. h. $L = \mathbb{Q}$.

ÜBUNG 34 **S. 61**

a) Hier bietet sich das **Additionsverfahren** an. Lösung: (4|5).

b) Hier bietet sich das **Gleichsetzungsverfahren** an. Lösung: (14|0).

c) Hier bietet sich das **Einsetzungsverfahren** an. Lösung: (3|7).

ÜBUNG 35 **S. 61**

(I) $2x + 3y = 11$

(II) $1x + 2y = 6{,}5$

Eine Portion Popcorn kostet 2,50 € und ein Becher Cola 2 €, d. h., das Wertepaar (2,5|2) ist die Lösung des Gleichungssystems.

Klassenarbeiten

AUFGABE 1 **S. 62**

a) Die Zuordnung ist proportional, denn z. B. drei Flaschen kosten den dreifachen Preis.

b) Die Zuordnung ist indirekt proportional, denn vier Arbeitskräfte brauchen z. B. nur ein Viertel der Zeit, die eine Arbeitskraft alleine brauchen würde.

c) Die Zuordnung ist weder proportional noch indirekt proportional, da zu dem Preis für die Minuten noch einmalig die Grundgebühr hinzukommt.

d) Die Zuordnung ist weder proportional noch indirekt proportional, da die Kochzeit nicht von der Anzahl der Eier abhängt.

AUFGABE 2 **S. 62**

a) indirekt proportionale Zuordnung

x	4	12	8,25	20
y	33	11	16	6,6

b) proportionale Zuordnung

x	22	48	18	8
y	16,5	36	13,5	6

AUFGABE 3 **S. 62**

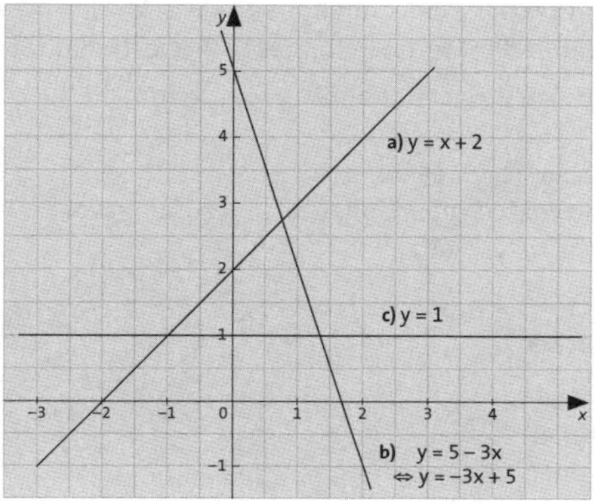

AUFGABE 4 **S. 62**

a) m = 1; c = 2; y = 1x + 2
b) m = −1,5; c = 3; y = −1,5x + 3
c) m = 2; c = −1; y = 2x − 1

AUFGABE 5 **S. 63**

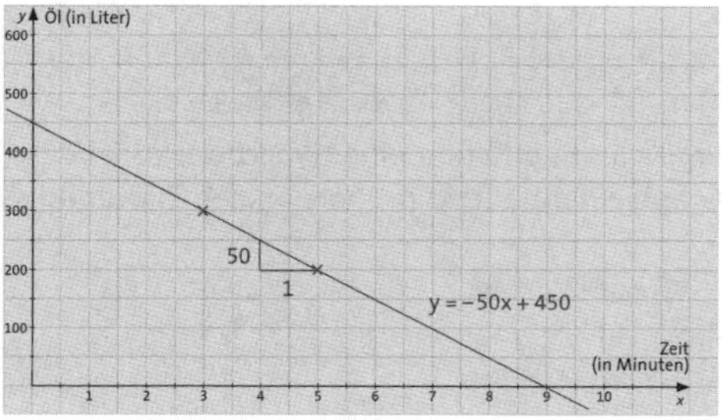

a) Vor dem Abpumpen befanden sich 450 l im Tank.
b) Es dauert insgesamt 9 Minuten, bis der Tank leer ist.
c) y = −5x + 450

AUFGABE 6 **S. 63**

a) Additionsverfahren, (0|1)
b) Gleichsetzungsverfahren, (0|0)
c) Einsetzungsverfahren, (0|4)

AUFGABE 7 **S. 63**

a) (I) 3x + 2y = 9,50
(II) 2x + 3y = 10,50
Lösung: (1,5|2,5), d. h., eine Rose kostet 1,50 €, eine Lilie 2,50 €.
b) Er muss 10 · 1,5 + 4 · 2,5 = 25 € bezahlen.

AUFGABE 8 **S. 64**

a) proportionale Zuordnung

Volumen	1	2	3	4,5	**6**	**7,5**	1,5	0,8
Preis	0,80	1,60	**2,40**	**3,60**	4,80	6,00	**1,20**	0,64

b) proportionale Zuordnung

Höhe	10	20	30	40	**76**	**90**	100	78
Masse	**0,5**	1	**1,5**	**2,0**	3,8	4,5	5	**3,9**

a)

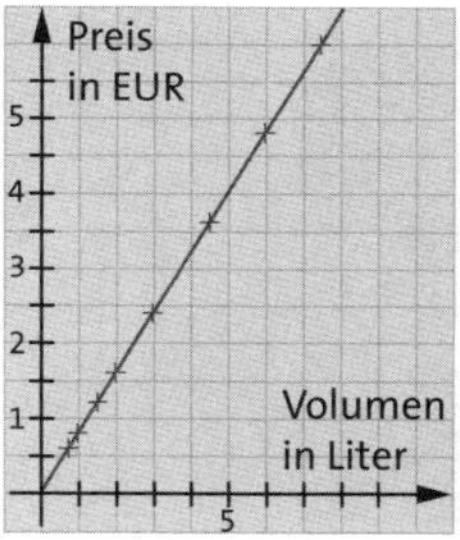

b)

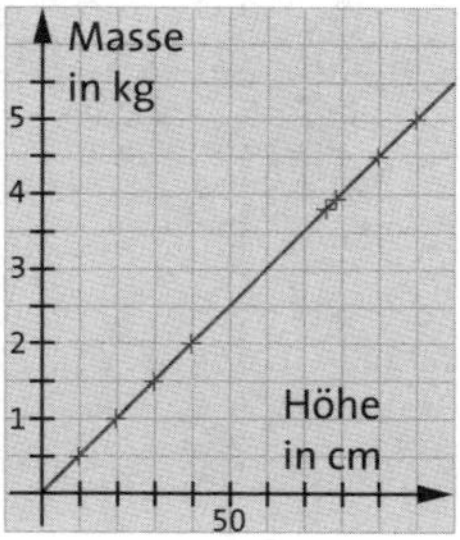

AUFGABE 9 **S. 64**

a)

x	1	2,5	5	2	0,5
y	**25**	**10**	5	12,5	50

b)

x	1	2	3	4	24
y	**12**	6	**4**	**3**	0,5

c) gemeinsames Produkt bestimmen; k = x · y

AUFGABE 10 **S. 64**

a) y = 0,5x; **b)** y = 3x + 2; **c)** y = 2x − 3

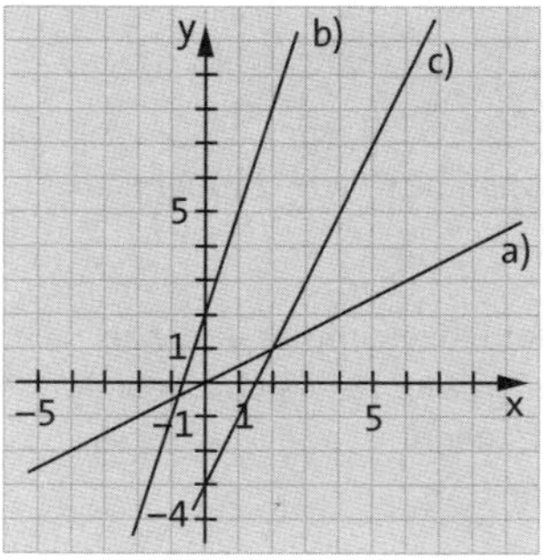

AUFGABE 11 **S. 64**

a) Lösungsvorschlag:

x	1	2	3	4	5
y	0,5	−1	−2,5	−4	−5,5

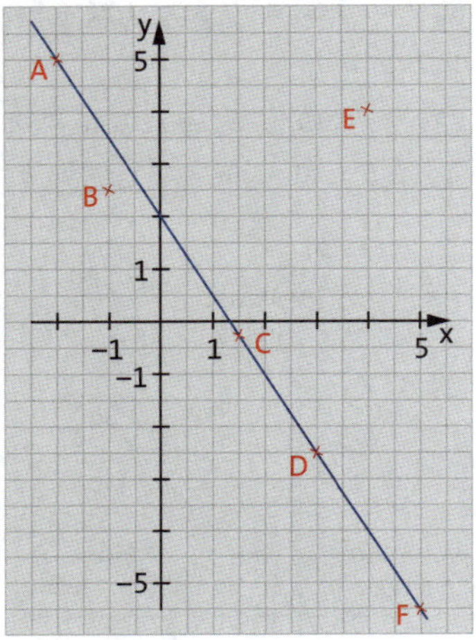

b) A, C, D, F gehören zu f; B, E nicht.
c) P(0|2)

AUFGABE 12 **S. 65**

a) x · 60 = 40 · 30; x = 20
Der Vorrat reicht für 20 Tage.
b) 50 Tage
c) 34,3 Tage ≈ 34 Tage

AUFGABE 13 **S. 65**

x : 40 = 110 : 60; x = 73,3 km
Der Pkw fährt in 40 Minuten 73,3 km.

AUFGABE 14 **S. 65**

a) Lösung (−13|−45)
b) Lösung (1|11)
c) Das System hat unendlich viele Lösungen, L = ℚ.

AUFGABE 15 **S. 65**

Mit x als Anzahl der Einzelzimmer und y als Anzahl der Doppelzimmer lässt sich ein Gleichungssystem aufstellen:
(I) x + y = 13
(II) x + 2y = 20
x = 6; y = 7
Es sind 6 Einzel- und 7 Doppelzimmer.

AUFGABE 16 **S. 66**

a) indirekte Proportionalität: x · y = 1; k = 1
b) weder direkte, noch indirekte Proportionalität
c) direkte Proportionalität: $y = \frac{2}{3} \cdot x$; $m = \frac{2}{3}$

AUFGABE 17 **S. 66**

a) indirekte Proportionalität, Zuordnungsvorschrift: x · y = 480

Anzahl Pflücker	30	24	20	10	4
Arbeitsstunden	16	20	24	48	120

b)

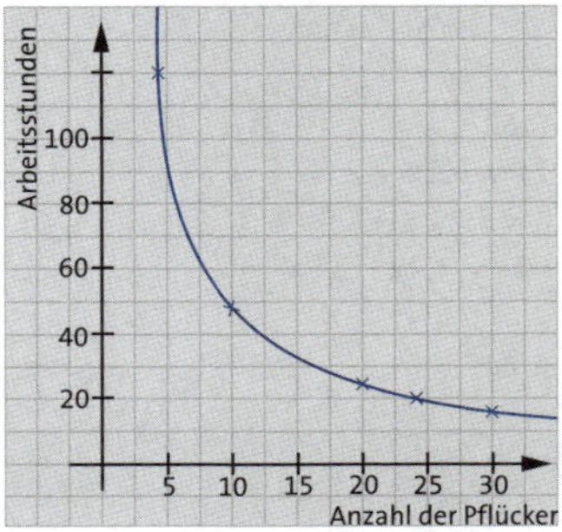

Ergebnis: Es entsteht eine Hyperbel. Das ist der Graph einer indirekt proportionalen Zuordnung.

AUFGABE 18 **S. 66**

a) y = 2,5x − 5; x = 2; **b)** $y = \frac{3}{5}x - 3$; x = −0,5;
c) y = −2,5x; x = −2

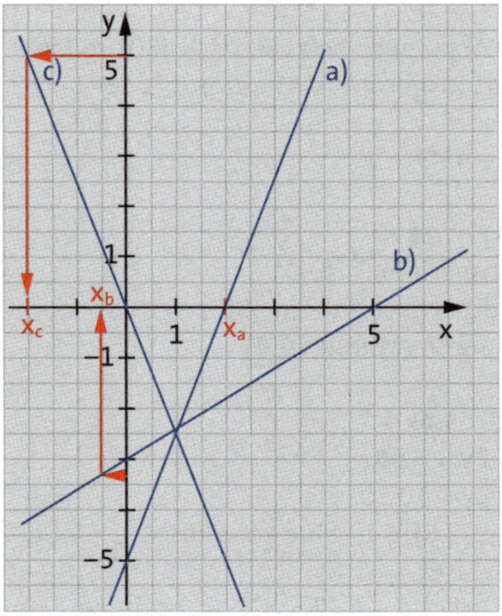

AUFGABE 19 **S. 66**

a) zeichnerische Lösung:

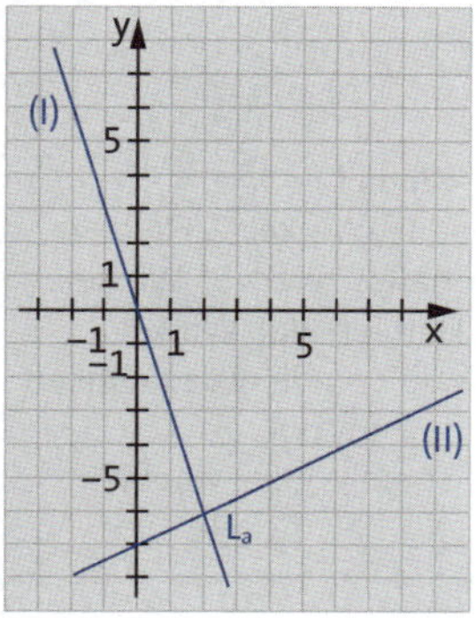

rechnerische Lösung, Gleichsetzungsverfahren:
$-3x = \frac{1}{2}x - 7$; L = {(2|−6)}

b) zeichnerische Lösung:

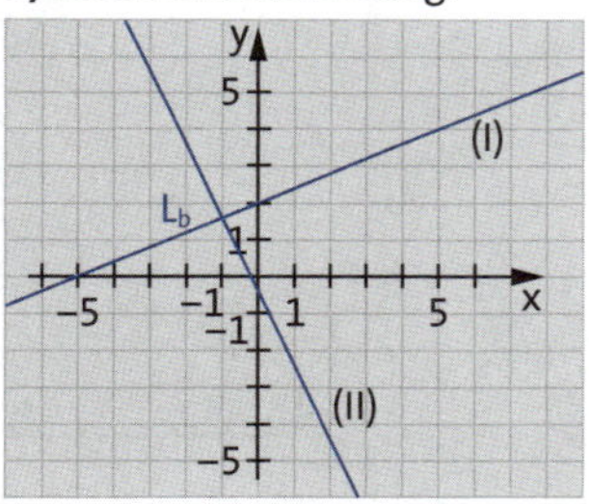

rechnerische Lösung, Einsetzungsverfahren:
$2x - 5 \cdot (-2x - 0{,}4) + 10 = 0$; L = {(−1|1,6)}

AUFGABE 20 **S. 66**

Schnittpunkt P(2|0)

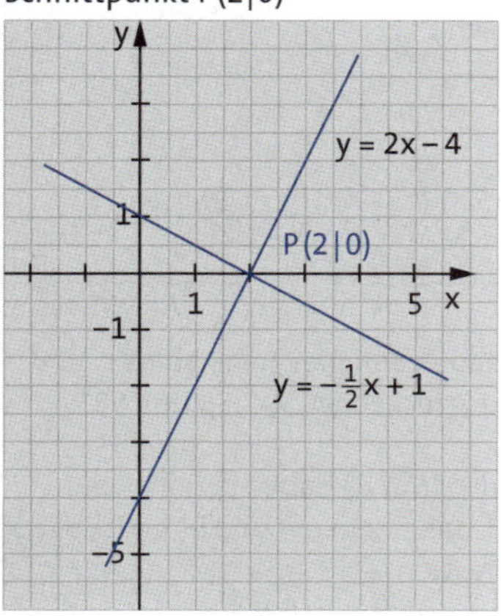

AUFGABE 21 **S. 67**

a) $y = 2x - 3$; **b)** $y = -x + 2$; **c)** $y = -2$;
d) $y = \frac{1}{5}x + 1$; **e)** $y = -x - 3$

AUFGABE 22 **S. 67**

Gleichungssystem aufstellen:
(I) $3x + 7y = 98$
(II) $5x - 2y = 13$
$x = 7$; $y = 11$; L = {(7|11)}

5 Grundkonstruktionen

ÜBUNG 1 **S. 69**

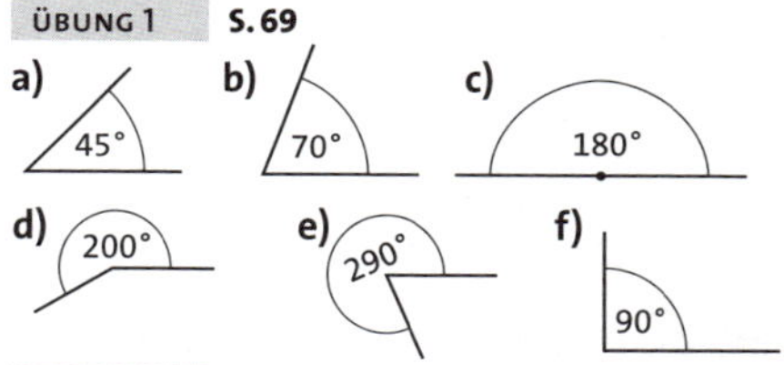

ÜBUNG 2 **S. 69**

a) $\alpha = 45°$(spitz); **b)** $\beta = 135°$ (stumpf); **c)** $\gamma = 90°$ (rechter Winkel); **d)** $\delta = 290°$ (überstumpf)

ÜBUNG 3 **S. 69**

a) Abstand; **b)** 2 m, 10 m

ÜBUNG 4 **S. 70**

Es schneiden sich: g und h; g und k; h und l.
Parallel zueinander sind g und l sowie h und k.

ÜBUNG 5 **S. 70**

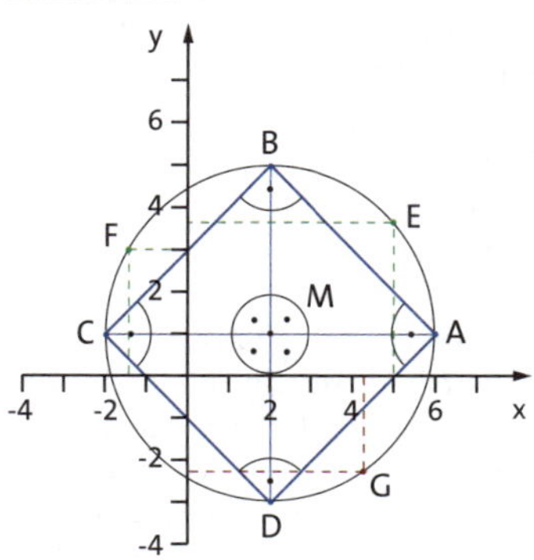

a) Alle Punkte auf K haben denselben Abstand r von M.
b) A (6|1), B (2|5), C (−2|1), D (2|−3)
c) z. B.: E (5|3,7), F (−1,5|3)
d) z. B.: G (4,3|−2,3)
e) Seitenlängen:
$\overline{AB} = \overline{BC} = \overline{CD} = \overline{DA} \approx 5{,}7$ cm,
$\overline{AC} = \overline{BD} = 8$ cm (Durchmesser)
Rechte Winkel: DAB, ABC, BCD, CDA, BMA, CMB, DMC, AMD

ÜBUNG 6 S. 70

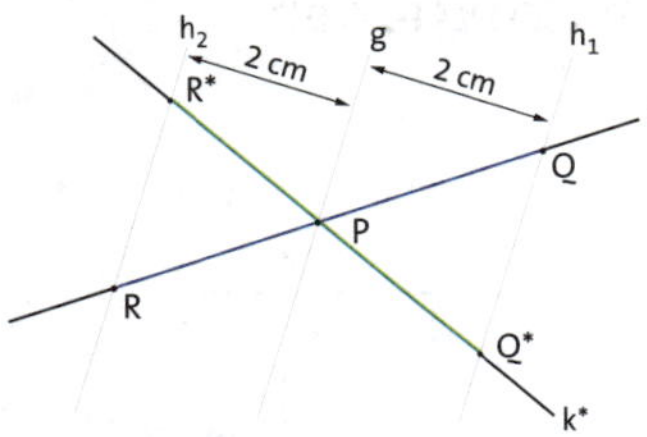

Beachte: Die Längen der Strecken PQ und PR hängen zwar vom Verlauf von k ab, jedoch stellst du immer ihre Übereinstimmung fest. Außerdem gilt stets: $\overline{PQ^*} = \overline{PR^*}$.

ÜBUNG 7 S. 72

a) 1. Halbiere die Strecke AB. Die Mittelsenkrechte schneidet AB in C.
2. Halbiere die Strecken AC und CB.

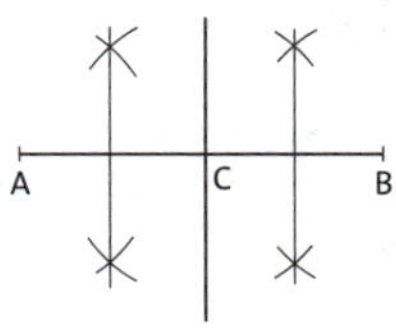

b) Zeichne eine Strecke der Länge 13,9 cm. Halbiere die Strecke genau wie im ersten Schritt der Lösung zu Teilaufgabe a).
c) Zeichne eine beliebige Strecke AB und konstruiere die Mittelsenkrechte. Diese schneidet AB im Punkt S. Der Winkel ∢ BSC ist ein rechter Winkel.

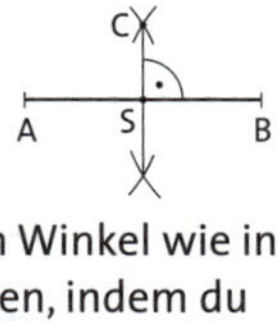

d) 1. Konstruiere einen rechten Winkel wie in Teilaufgabe c). 2. Halbiere diesen, indem du einen Kreis um S zeichnest, der die beiden Schenkel des 90°-Winkels in E und F schneidet. Die Mittelsenkrechte zur Strecke EF schneidet EF im Punkt M und halbiert den 90°-Winkel. 3. Der Winkel ∢ FSM ist ein 45°-Winkel.

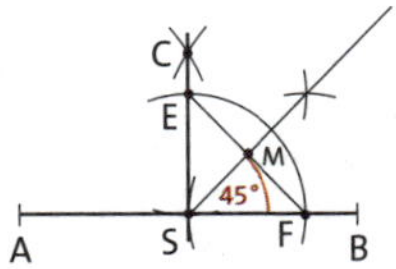

e) Halbiere einen 45°-Winkel.
f) 1. Konstruiere einen 90°-Winkel. 2. Halbiere den 90°-Winkel. Du erhältst zwei 45°-Winkel: ∢ FSM und ∢ MSE. 3. Halbiere den Winkel ∢ MSE. 4. Die Winkelhalbierende w des Winkels ∢ MSE schneidet ME im Punkt M'.
5. Der Winkel ∢ FSM' ist ein Winkel von 67,5°.

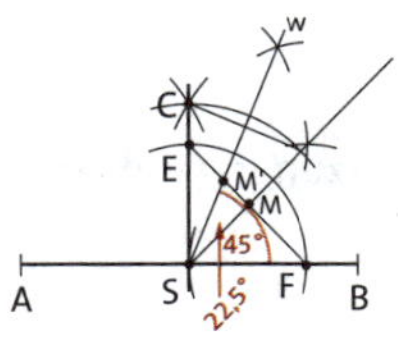

ÜBUNG 8 S. 72

a) Halbiere α und β:

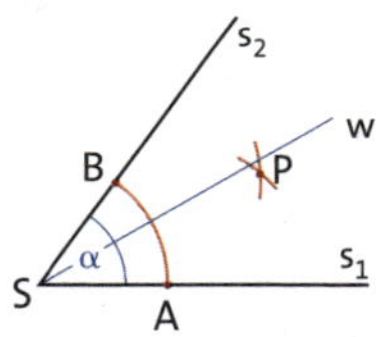

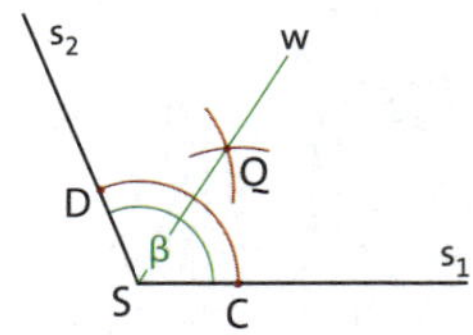

Der Winkel α wird durch w nicht halbiert, denn P liegt unterhalb von w. Q hingegen liegt exakt auf w und β wird durch w halbiert.
b) β wird durch w halbiert und daher ist zu prüfen, ob sich α auf den Winkel $\frac{1}{2}\beta$ = ∢ (s_1, w) *übertragen* lässt.

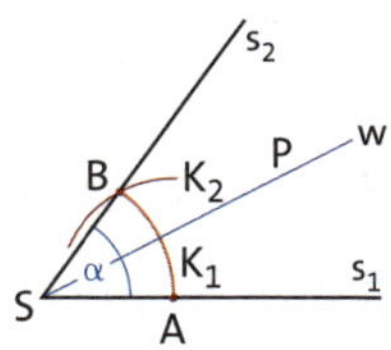

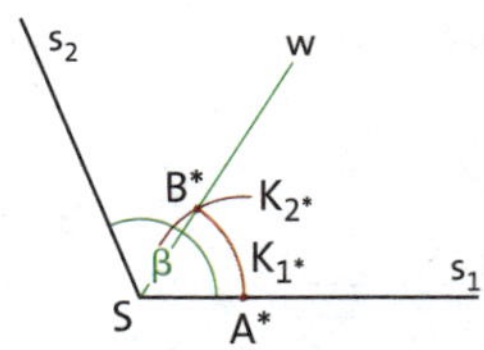

1. K_1 und K_1^* haben den gleichen Radius r_1 und damit sind die Strecken SA, SA*, SB und SB* gleich lang.
2. $K_2(A; r_2)$ und $K_2^*(A^*; r_2)$ haben den gleichen Radius $r_2 = \overline{AB}$, daher legen B und B* gleiche Winkelmaße fest.
3. B* liegt auf w, somit gilt: $\beta = \frac{1}{2}\alpha$.

ÜBUNG 9 **S. 73**

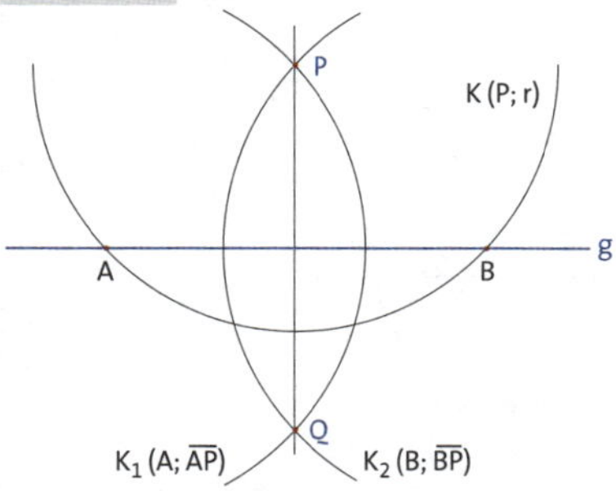

ÜBUNG 10 **S. 73**

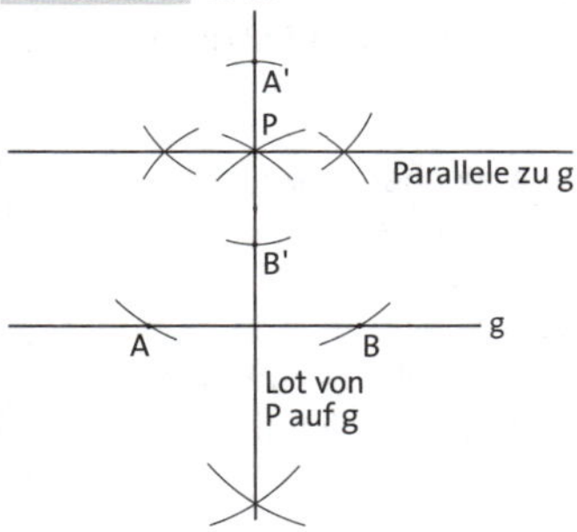

ÜBUNG 11 **S. 73**

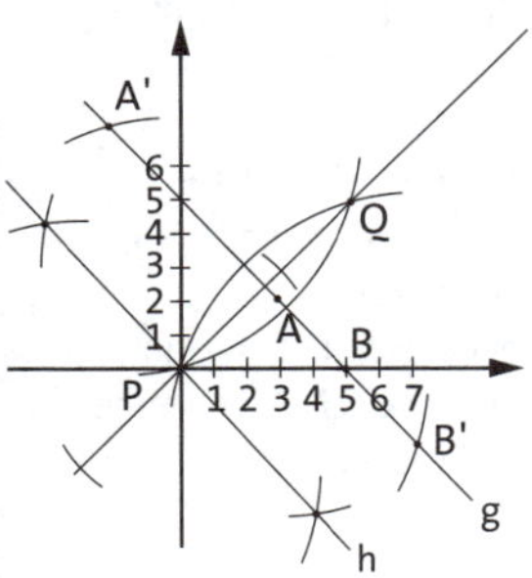

ÜBUNG 12 **S. 73**

Konstruktionsschritte:

1. Errichte das Lot in einem beliebig gewählten Punkt P von g.
2. Trage auf dem Lot von P aus eine Strecke PQ der Länge 2 cm ab.
3. Errichte das Lot im Endpunkt Q dieser Strecke.

ÜBUNG 13 **S. 75**

Genau eine Achse: A, B, C, D, E, K, M, T, U, V, W, Y; zwei Achsen: H, I, O, X; Zentrum: H, I, N, O, S, X, Z.

ÜBUNG 14 **S. 75**

a) wahr; **b)** falsch; Gegenbeispiele: N, S, Z; **c)** wahr

ÜBUNG 15 **S. 75**

a)

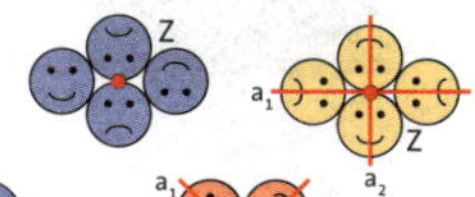

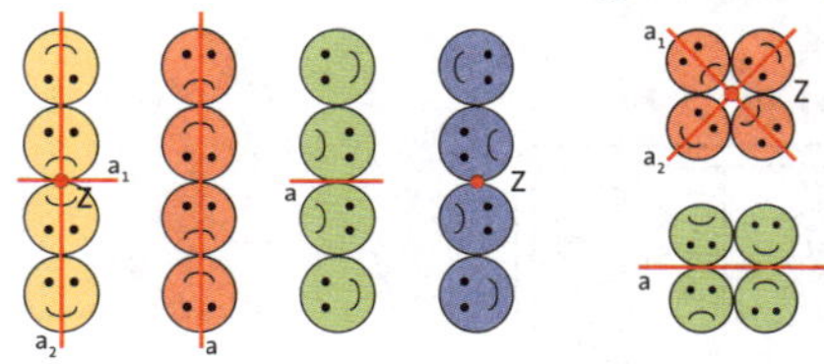

b) Nur die rote Anordnung der oberen Reihe gewinnt eine waagerechte Symmetrieachse und ein Symmetriezentrum hinzu.

ÜBUNG 16 **S. 76**

a) derselben, halbiert
b) dieselbe, Mittelsenkrechte

ÜBUNG 17 **S. 76**

a) und **c)** sind achsensymmetrisch.

ÜBUNG 18 **S. 76**

Das Trapez ABCD besitzt weder Symmetrieachsen noch ein Symmetriezentrum.

a) Das *gleichschenklige Trapez* AA'D'D hat nur die Symmetrieachse a.

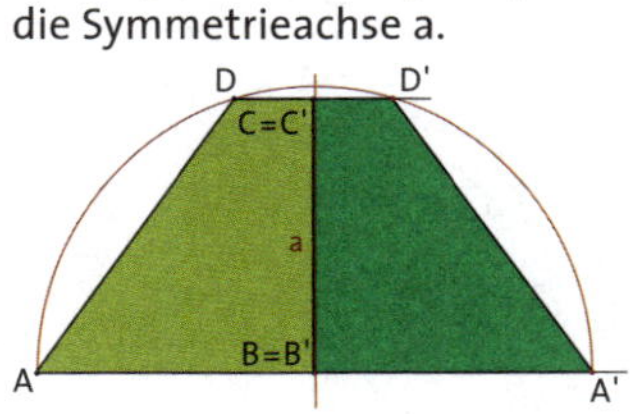

b) Das *Parallelogramm* AD'A'D hat nur das Symmetriezentrum Z.

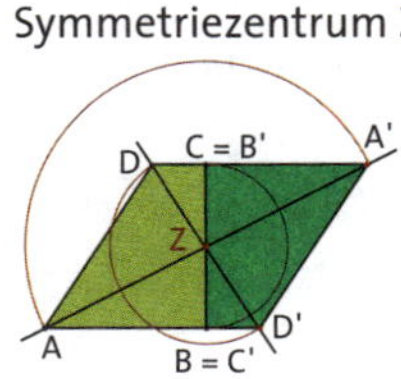

c) Das *Rechteck* C'BCB' besitzt neben dem Symmetriezentrum Z auch die beiden Symmetrieachsen a_1 und a_2.

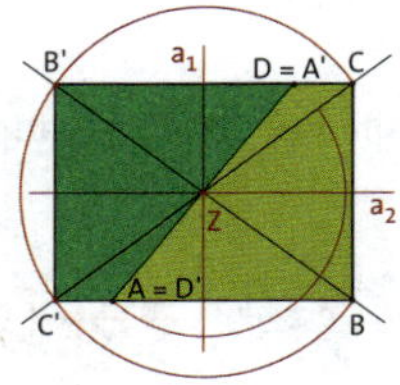

ÜBUNG 19 **S. 76**

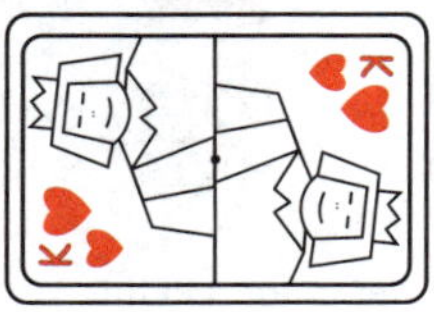

ÜBUNG 20 **S. 77**

Ein Dreieck kann nicht punktsymmetrisch sein, da es z. B. im Dreieck keinen Punkt gibt, an dem man die drei Ecken so spiegeln kann, dass jede Ecke auf eine andere Ecke abgebildet wird.

ÜBUNG 21 **S. 77**

Das Wort ist punktsymmetrisch. Es handelt sich um ein Ambigramm.

ÜBUNG 22 **S. 77**

Ergebnis der Verschiebung:

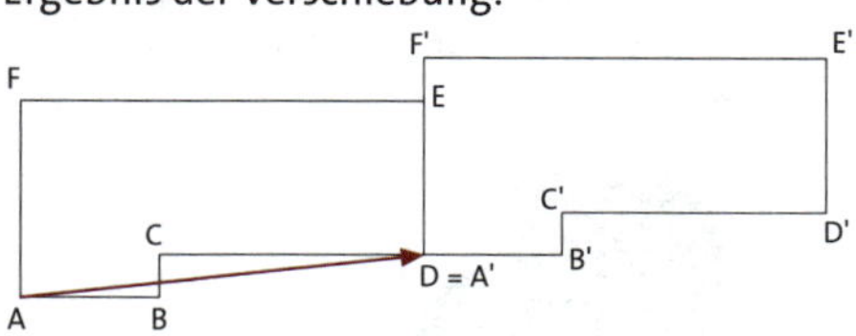

ÜBUNG 23 **S. 79**

a) $\gamma = 50°$; also gilt $\beta + \delta = 260°$.
Da $\beta = \delta$, gilt $\beta = \delta = 130°$.
b) $\gamma = \varphi = \omega = 37°$; daher gilt $\beta + \delta = 286°$.
Da $\beta = \delta$, gilt $\beta = \delta = 143°$.
Außerdem gilt $\lambda = \epsilon = \beta = \delta = 143°$.

ÜBUNG 24 **S. 79**

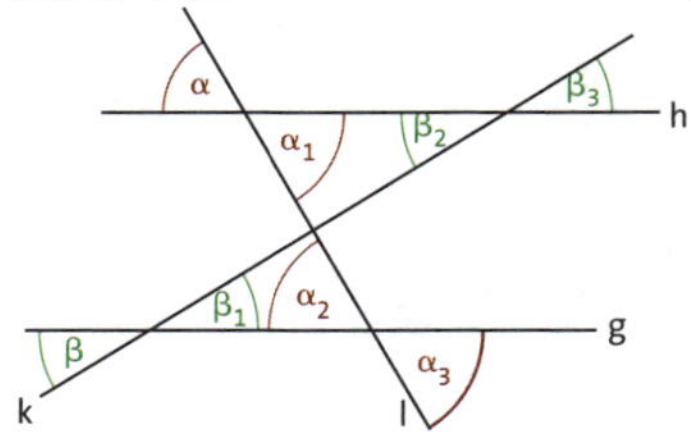

$\alpha_1 = \alpha$ (Scheitelwinkel)
$\alpha_2 = \alpha$ (Stufenwinkel)
$\alpha_3 = \alpha_1 = \alpha$ (Stufenwinkel, Scheitelwinkel)
$\beta_1 = \beta$ (Scheitelwinkel)
$\beta_2 = \beta$ (Stufenwinkel)
$\beta_3 = \beta_2 = \beta$ (Scheitelwinkel, Stufenwinkel)

ÜBUNG 25 **S. 79**

$\beta = 180° - \alpha = 135°$ (Nebenwinkel)
$\gamma = \alpha = 45°$ (Scheitelwinkel)
$\delta = \beta = 135°$ (Stufenwinkel)
$\varphi = \beta = 135°$ (Wechselwinkel)
Der Hilfswinkel $\gamma' = \gamma = 45°$ (Stufenwinkel) ist Nebenwinkel zu δ, dann folgt: $\epsilon = \gamma' = 45°$ (Wechselwinkel).

ÜBUNG 26 **S. 79**

a) $\alpha = 120°$; $\beta = 60°$; **b)** $\delta = 80°$; $\gamma = 100°$;
c) $\epsilon = 150°$; $\lambda = 30°$; **d)** $\varphi = 45°$; $\omega = 135°$

ÜBUNG 27 **S. 80**

a) $\alpha + 4\alpha = 180°$ (Nebenwinkel), daher:
$\alpha = 180° : 5 = 36°$; $\gamma = \alpha = 36°$ (Scheitelwinkel);
$\delta = 4\alpha = 144°$ (Scheitelwinkel)
b) $\beta + 30° = 135°$ (Wechselwinkel), daher:
$\beta = 105°$; $\alpha + (30° + \beta) = 180°$ (Nebenwinkel),
daher: $\alpha = 45°$; $\gamma = \alpha = 45°$ (Scheitelwinkel)

ÜBUNG 28 **S. 80**

a) wahr; **b)** falsch, Gegenbeispiel: 2 rechte Winkel; **c)** wahr; **d)** wahr

ÜBUNG 29 **S. 80**

$\gamma = 150°$

ÜBUNG 30 **S. 80**

Beide haben recht.

ÜBUNG 31 **S. 82**

a)

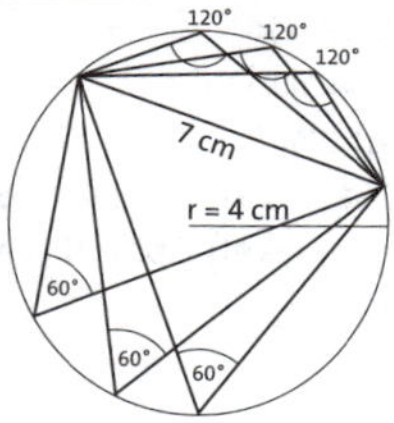

Die Umfangswinkel auf derselben Seite der Sehne sind gleich groß. Je zwei Umfangswinkel, die nicht auf derselben Seite der Sehne liegen, ergänzen sich zu 180°.

b)

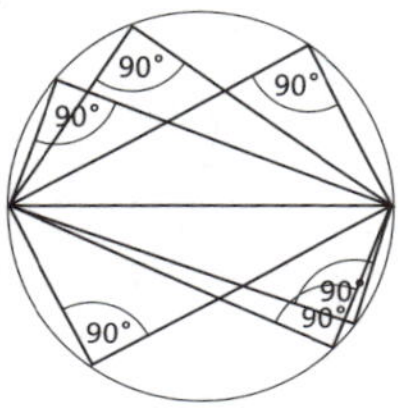

Alle Umfangswinkel sind 90°-Winkel, da eine Sehne von 8 cm Länge in diesem Kreis ein Durchmesser ist (Satz des Thales).

ÜBUNG 32 **S. 82**

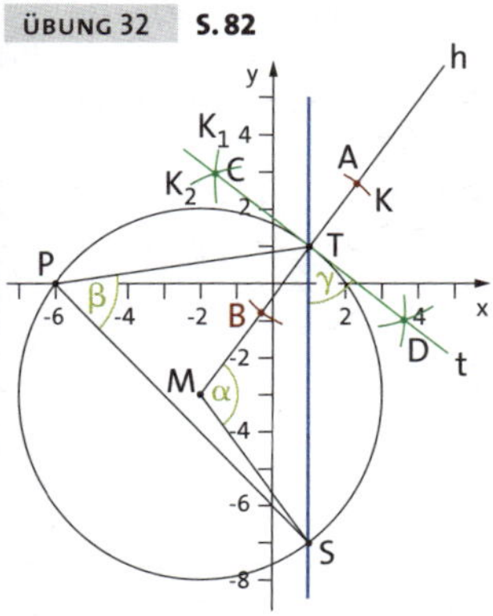

a) 1. Die Halbgerade h läuft von M aus durch T.
2. K (T; r) schneidet h in A und B.
3. K_1(A; r*) und K_2(B; r*) schneiden sich in C und D.
4. Die Gerade t durch C und D berührt K in T und ist somit die gesuchte Tangente.
b) S (1|−7); $\gamma = 54°$; $\alpha = 108°$
c) $\beta = 54°$

ÜBUNG 33 **S. 82**

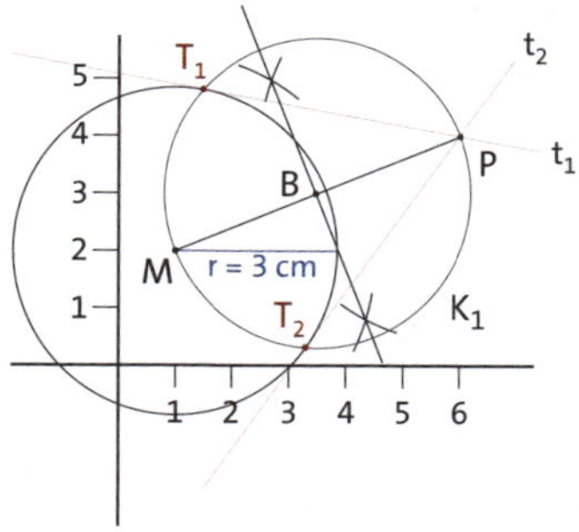

Klassenarbeiten

AUFGABE 1 **S. 83**

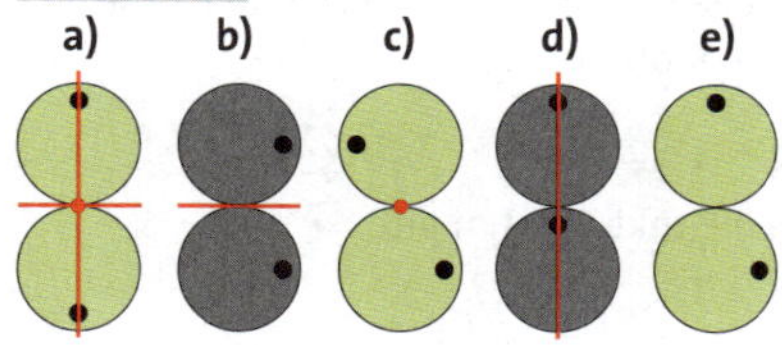

a) H; **b)** E; **c)** Z; **d)** Y; **e)** G

AUFGABE 2 **S. 83**

Konstruiere die Mittelsenkrechte der Strecke CC' (oder AA' oder BB' oder DD'), diese ist zugleich die Spiegelachse der Figuren.

AUFGABE 3 **S. 84**

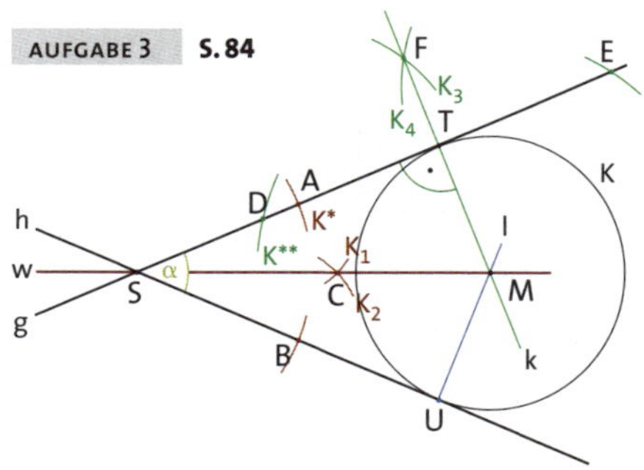

a) 1. K*(S; r*) schneidet g in A und h in B.
2. K_1(A; r) und K_2(B; r) schneiden sich in C.
3. Winkelhalbierende w durch S und C
b) 1. K**(M; r**) schneidet g in D und E.
2. K_3(D; r') und K_4(E; r') schneiden sich in F.

3. Die Gerade k durch F und M schneidet g senkrecht im Berührpunkt T.
4. Berührkreis K (M; r'' = $\overline{MT}$)

AUFGABE 4 **S. 84**

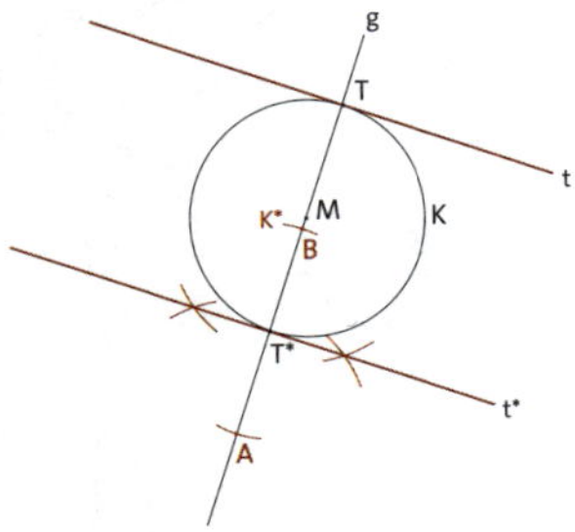

1. Gerade g durch T und M schneidet K in T*.
2. Der Kreis K* $\left(T^*; r > \frac{\overline{TM}}{2}\right)$ schneidet g in A und B.
3. Die Mittelsenkrechte zur Strecke AB ist die Tangente an K durch T*.

AUFGABE 5 **S. 85**

a) Für jeden Punkt P auf m gilt: $\overline{AP} = \overline{PB}$.
b) und **c)**

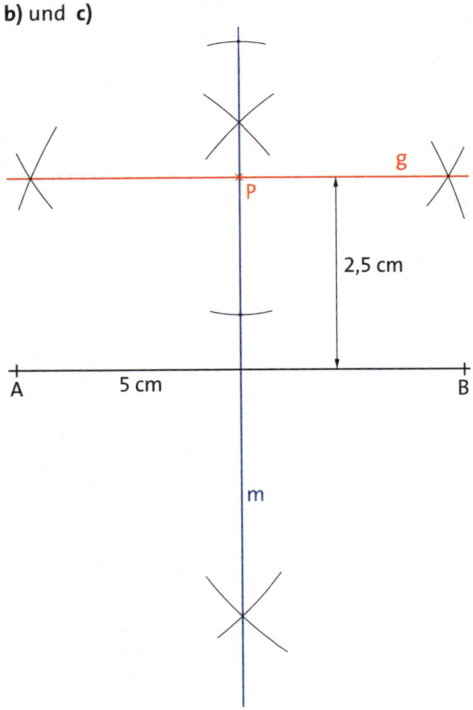

AUFGABE 6 **S. 85**

a) $\alpha = 75°$ (Umfangswinkelsatz);
$\gamma = 75°$ (Sehnentangentenwinkelsatz);
$\delta = 150°$ (Mittelpunktswinkelsatz)
b) + **c)** $\alpha = \beta = \gamma = \delta = 90°$; Satz des Thales: Alle Umfangswinkel (Peripheriewinkel) über einem Durchmesser sind 90°-Winkel.

AUFGABE 7 **S. 85**

a) und **b)**

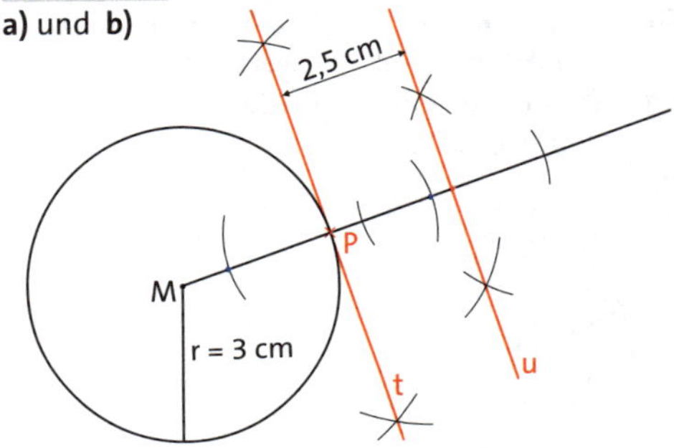

AUFGABE 8 **S. 86**

Gleich groß sind: $\alpha_1 = \alpha_4$ (Wechselwinkel) $= \alpha_6$ (Scheitelwinkel) $= \alpha_7$ (Wechselwinkel); sowie: $\alpha_2 = \alpha_3$ (Wechselwinkel) $= \alpha_5$ (Scheitelwinkel)
α_7 beträgt 55°, da $90° - 35° = 55°$; und somit sind auch $\alpha_1 = \alpha_4 = \alpha_6 = 55°$.
Nachbarwinkel ergänzen sich zu 180°; somit sind $\alpha_2 = \alpha_3 = \alpha_5 = 180° - 55 = 125°$ groß.

AUFGABE 9 **S. 86**

a) $\sphericalangle (w_\alpha; w_\beta) = 90°$

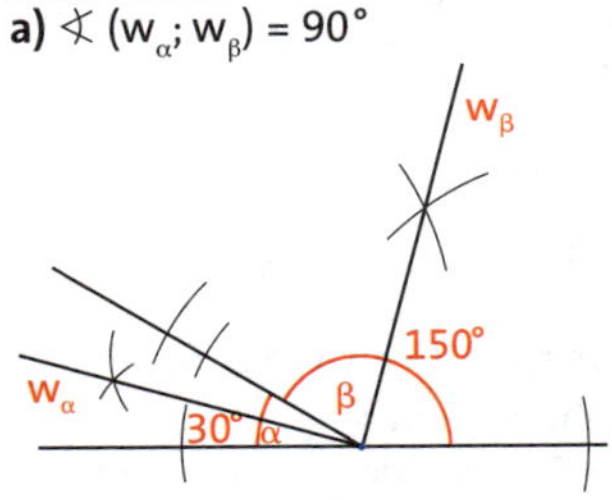

b) Der $\sphericalangle (w_\alpha; w_\beta)$ bleibt gleich groß, also 90°. Wenn $\frac{\alpha}{2}$ um x zunimmt, nimmt $\frac{\beta}{2}$ um x ab und umgekehrt.

AUFGABE 10 **S. 86**

a) rote Figur: A' (9|−3); B' (6|1); C' (11|2)
b) grüne Figur: A'' (5|9); B'' (2|5); C'' (7|4)

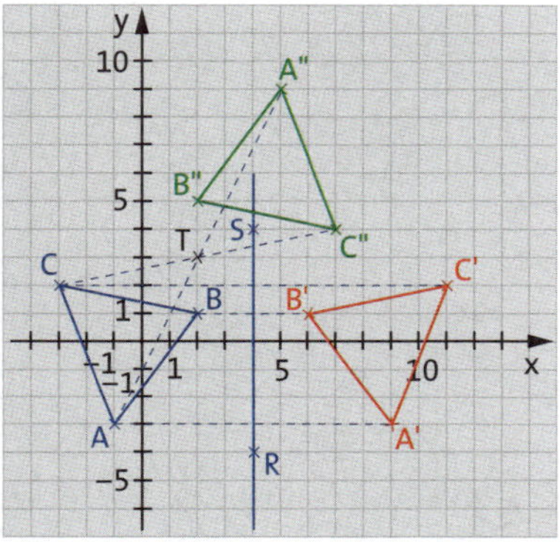

c) Bei Spiegelung an einer Achse ändert sich der Drehsinn, bei Punktspiegelung nicht.

6 Dreiecke und Vierecke

ÜBUNG 1 **S. 88**

a) b = 10 cm; **b)** a = 10 dm; **c)** c = 5 cm (vgl. Dreiecksungleichung)

ÜBUNG 2 **S. 88**

a) ja; **b)** nein; **c)** ja; **d)** nein (vgl. Dreiecksungleichung)

ÜBUNG 3 **S. 88**

Die Seite a kann 4, 5, 6, 7, 8, 9 oder 10 cm lang sein.

ÜBUNG 4 **S. 88**

Es gilt: $\alpha + \beta + \gamma = 180°$;
a) $\gamma = 70°$; **b)** $\alpha = 92°$; **c)** $\beta = 116{,}9°$

ÜBUNG 5 **S. 88**

Antwort auf beide Fragen: Die Summe aller Innenwinkel im Dreieck beträgt 180°. (Die Summe zweier stumpfer Winkel ist bereits größer als 180°.)

ÜBUNG 6 **S. 88**

Basiswinkel $\beta = 65°$; $\gamma = 50°$ (Innenwinkelsatz);
$\delta = 115°$; $\epsilon = 30°$ (Nebenwinkel, Innenwinkelsatz)

ÜBUNG 7 **S. 89**

a) Es gilt: $\alpha = 60°$; $\gamma_1 + \gamma_2 = 90°$; $\gamma_2 = \beta$. Daraus ergibt sich: $\gamma_1 = 60°$ und $\gamma_2 = 30°$ sowie $\delta = 60°$; $\epsilon = 120°$ und $\beta = 30°$.
b) Es gilt: $\epsilon = 110°$; $\gamma_1 + \gamma_2 = 90°$; $\gamma_2 = \beta$. Daraus ergibt sich: $\gamma_2 = \beta = 35°$; $\delta = 70°$ und $\alpha = \gamma_1 = 55°$.
c) Es gilt: $\gamma_1 = 65°$; $\gamma_1 + \gamma_2 = 90°$; $\gamma_2 = \beta$. Daraus ergibt sich: $\gamma_2 = 25°$; $\alpha = 65°$; $\delta = 50°$; $\epsilon = 130°$; $\beta = 25°$.
d) Es gilt: $\delta = 54{,}5°$; $\gamma_1 + \gamma_2 = 90°$; $\gamma_2 = \beta$. Daraus ergibt sich: $\alpha = \gamma_1 = 62{,}75°$ und $\epsilon = 125{,}5°$; damit gilt auch $\gamma_2 = 27{,}25°$ und $\beta = 27{,}25°$.

ÜBUNG 8 **S. 89**

1. Winkel ≙ x; 2. Winkel ≙ 1,5x;
3. Winkel ≙ 3,5x
$x + 1{,}5x + 3{,}5x = 180°$; also $x = 30°$
Damit gilt: $\alpha = 30°$, $\beta = 45°$, $\gamma = 105°$.

ÜBUNG 9 **S. 91**

a)

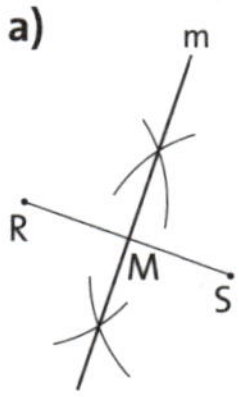

b)

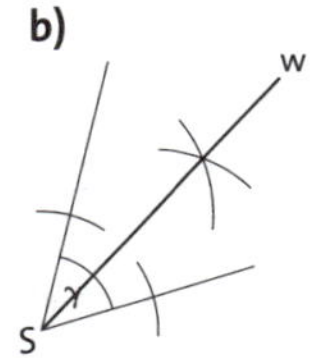

c)

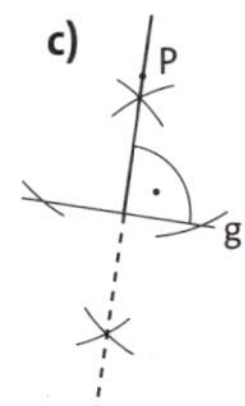

ÜBUNG 10 **S. 91**

a) und **c)**

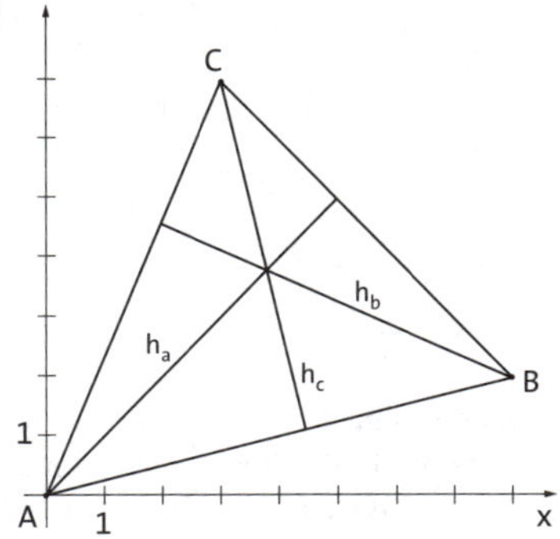

b) und **d)**	a	b	c
Seiten	7,0 cm	7,5 cm	8,2 cm
Größe der Winkel gegenüber d. Seite	$\alpha = 53°$	$\beta = 59°$	$\gamma = 68°$
Abstand der Eckpunkte zu den Seiten	7,0 cm	6,4 cm	6,0 cm

c) Die Höhen schneiden sich in einem Punkt.

ÜBUNG 11 **S. 91**

a) Man muss keine Höhe konstruieren, die Schenkel des rechten Winkels sind die Höhen h_a und h_b. Punkt C ist der Höhenschnittpunkt. (Die Höhen schneiden sich in einem Punkt.)

b)

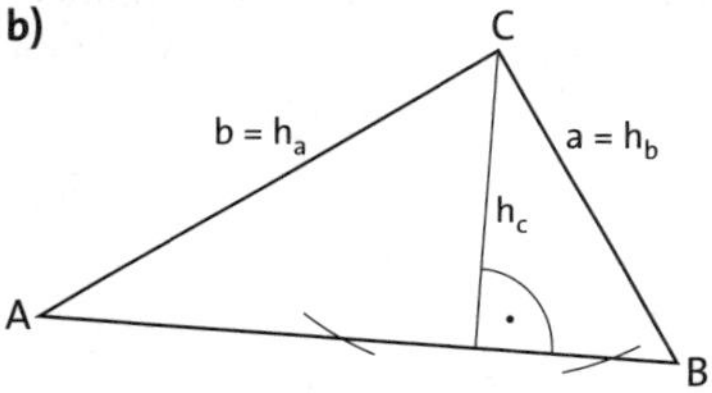

ÜBUNG 12 **S. 91**

Deine Lösungen können beispielsweise so aussehen:

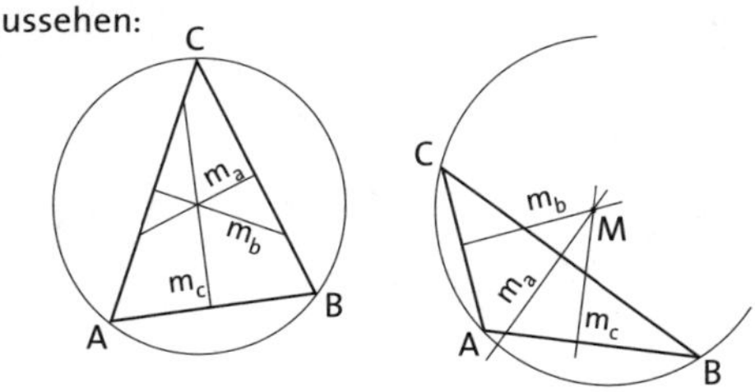

ÜBUNG 13 **S. 92**

18 m entsprechen 4,5 cm in deiner Zeichnung; 20 m ≙ 5 cm; 25 m ≙ 6,25 cm.
Ergebnis: Das Seil ist ungefähr 41 m lang.

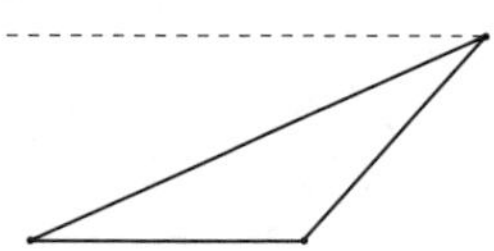

ÜBUNG 14 **S. 92**

Der Mittelpunkt des Inkreises ist der Schnittpunkt der Winkelhalbierenden. Aus $\alpha + \beta + \gamma = 180°$ folgt: $\delta + \epsilon + \varphi = 90°$.

ÜBUNG 15 **S. 92**

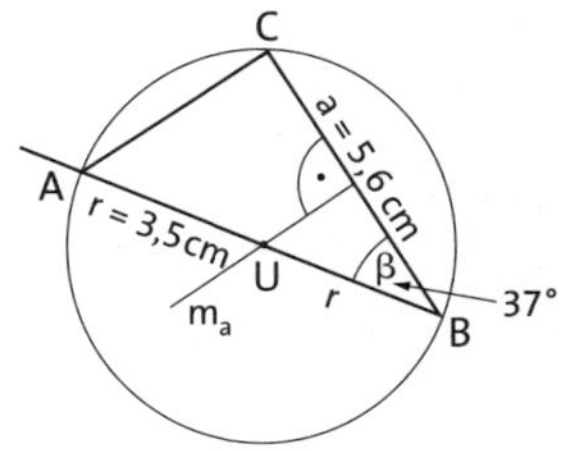

ÜBUNG 17 **S. 92**

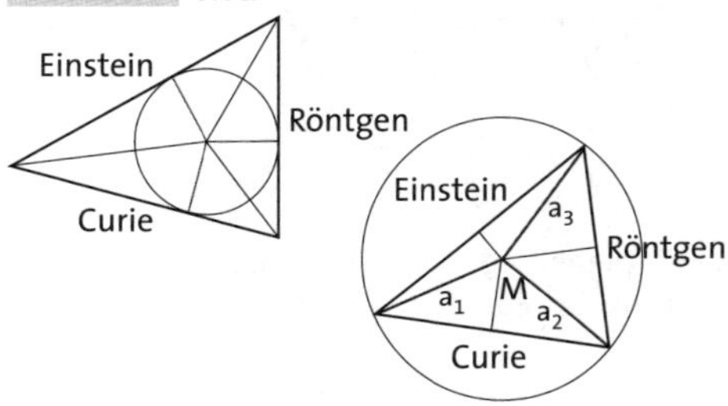

Soll die neue Feuerwehrstation den gleichen Abstand zu den Straßen haben, musst du die Winkelhalbierenden (Inkreis) konstruieren.Soll die neue Feuerwehrstation den gleichen Abstand zu den Kreuzungen haben, musst du die Mittelsenkrechten (Umkreis) konstruieren.

ÜBUNG 18 **S. 92**

a) individuelle Lösung

b) Die Schnittpunkte der Höhen, der Mittelsenkrechten und der Seitenhalbierenden liegen auf einer Geraden (bei einem gleichseitigen Dreieck schneiden sich alle neun Geraden in einem Punkt).

ÜBUNG 19 **S. 94**

Die Dreiecke müssen einem der vier Kongruenzsätze entsprechen.

ÜBUNG 20 **S. 94**

Kongruent zu ABC sind: ② und ⑥.

ÜBUNG 21 **S. 94**

a) Zwei Angaben reichen nicht aus, um ein Dreieck eindeutig zu konstruieren (vgl. Kongruenzsätze). Daher erhielten sie verschiedene Dreiecke, trotz Einhaltung der Vorgaben.

b) Jede Ecke C_1 bis C_3 gibt ein Beispiel für ein weiteres Dreieck.

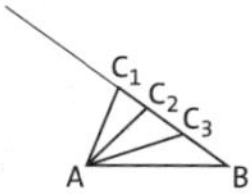

c) Es gibt unendlich viele Lösungen.

ÜBUNG 22 **S. 95**

a) eindeutig konstruierbar (sss)
b) unendlich viele Lösungen (Die Winkel aller Dreiecke sind gleich groß, aber die Seiten können unterschiedlich lang sein.)
c) eindeutig konstruierbar (sws)
d) eindeutig konstruierbar (Ssw)
e) nicht konstruierbar, die Summe der Innenwinkel ist größer als 180°
f) nicht konstruierbar (Dreiecksungleichung)

ÜBUNG 23 **S. 95**

a) RHT ≅ HST (Ssw)
b) ABM ≅ DCM (sss); AMD ≅ BMC (sss)
c) ABM ≅ DCM (wsw)
d) ABM ≅ BCM ≅ CDM ≅ DEM ≅ EAM (sws)

ÜBUNG 24 **S. 95**

Abbildungen verkleinert:

a)

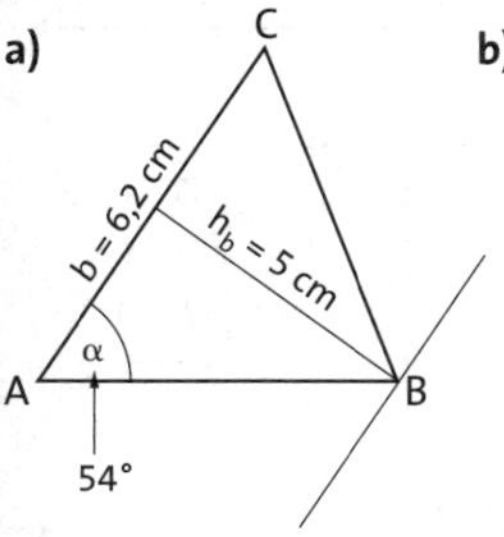

b)

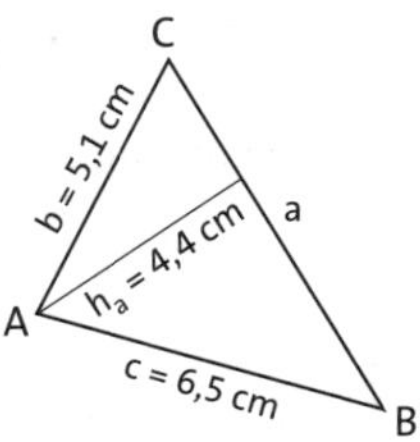

ÜBUNG 25 **S. 95**

a) stumpfwinkliges Dreieck, β = 36°; γ = 39°; **b)** gleichseitiges Dreieck, β = 60°

a)

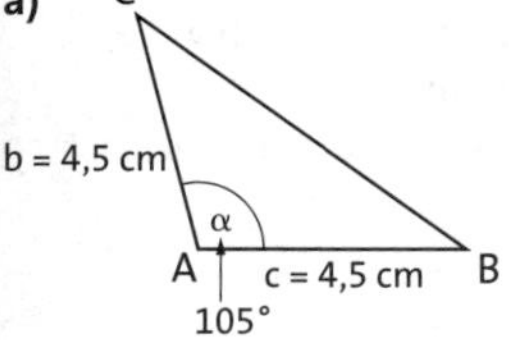

b)

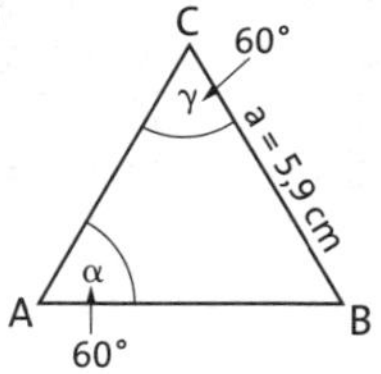

ÜBUNG 26 **S. 95**

1,4 km entsprechen 7 cm in deiner Zeichnung;
0,7 km ≙ 3,5 cm.
β = 75°; α = 30°;
γ = 75°

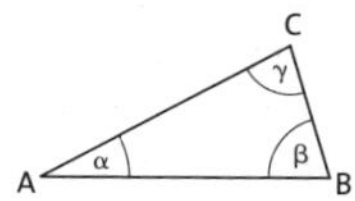

ÜBUNG 27 **S. 95**

Ergebnis: Der Fluss ist 70 m breit.

Skizze:

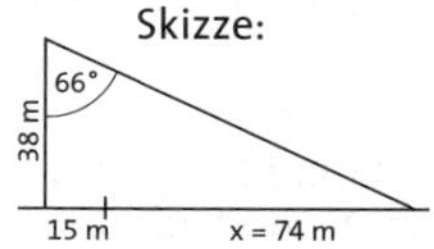

ÜBUNG 28 **S. 96**

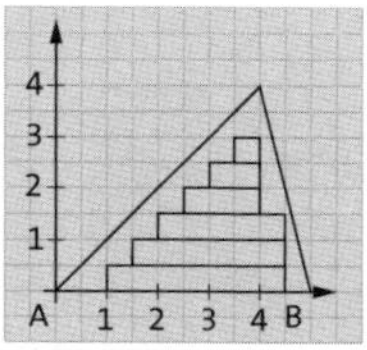

a) ausgezählter Flächeninhalt: ungefähr 8,5 cm²

$A = \frac{g \cdot h_g}{2}$; $A = 8{,}75\,cm^2$

b) U ≈ 3,6 cm + 5,3 cm + 5 cm = 13,9 cm

ÜBUNG 29 **S. 96**

Alle vier Dreiecke haben den gleichen Flächeninhalt, da $A_D = \frac{g \cdot h_g}{2}$.

ÜBUNG 30 **S. 96**

$A_D = \frac{a \cdot b}{2}$, damit gilt: $a = \frac{2 \cdot A_D}{b}$

a = 10 cm

ÜBUNG 31 **S. 96**

a) Eine Konstruktion würde unendlich viele flächeninhaltsgleiche Dreiecke ergeben.

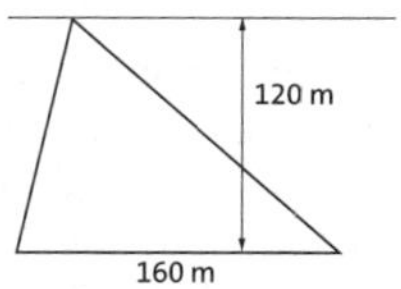

b) $A_D = \frac{a \cdot b}{2}$; $A = 9\,600\,m^2 \approx 1\,ha$

Der Flächeninhalt beträt 1 ha.

c) $\frac{21{,}2\,t}{0{,}96\,ha}$; Hektarertrag: 22,1 t

Der Ertrag pro Hektar beträgt 22,1 t.

ÜBUNG 32 **S. 98**

Das Viereck ABCD wird aus den vier Punkten A, B, C, D einer Ebene gebildet, wenn drei der Punkte nicht auf einer Geraden liegen.

a) Eine Diagonale ist eine Verbindungsgerade zwischen nicht benachbarten Ecken eines Vielecks (Polygons).

b) Wenn keiner der Innenwinkel größer als 180° ist, handelt es sich um ein konvexes Viereck.

ÜBUNG 33 **S. 98**

a) 6 Quadrate; **b)** 1 Viereck (wenn die Grundfläche ein Quadrat oder ein Rechteck ist);
c) 6 Rechtecke; **d)** keine Vierecke

ÜBUNG 34 **S. 98**

Es gilt: $\alpha + \beta + \gamma + \delta = 360°$.
a) $\delta = 40°$; **b)** $\delta = 75°$; **c)** $\alpha = 135°$

ÜBUNG 35 **S. 98**

Es gilt: $\alpha + \beta + \gamma + \delta = 360°$.
a) $\beta = 126°$
b) $90° + 45° + 45° + \delta = 360°$; also: $\delta = 180°$
Daher handelt es sich nicht um ein Viereck.
c) $\alpha + 192° + 64° + 32° = 360°$; also: $\alpha = 72°$

ÜBUNG 36 **S. 98**

Planfigur

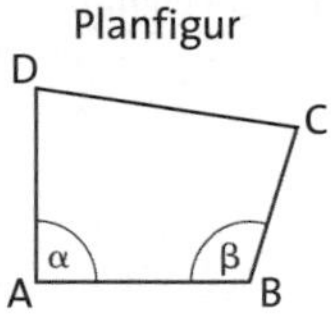

Konstruktion

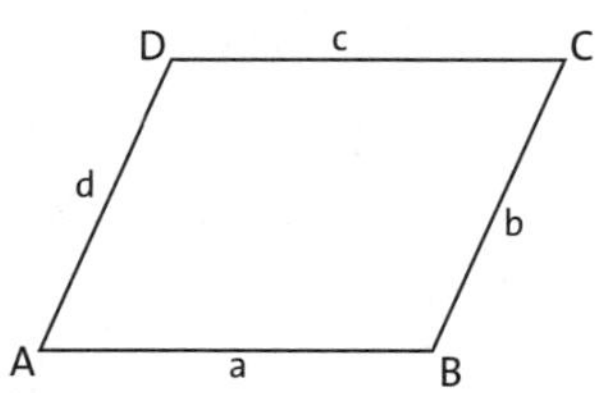

1. Zeichnen von a = AB;
2. antragen der Winkel α und β;
3. mit Zirkel b und d auf den zugehörigen freien Schenkeln abtragen;
4. die erhaltenen Punkte C und D verbinden.

ÜBUNG 37 **S. 98**

a)

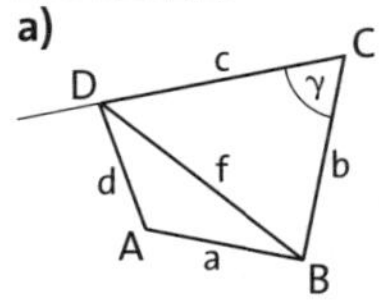

b)

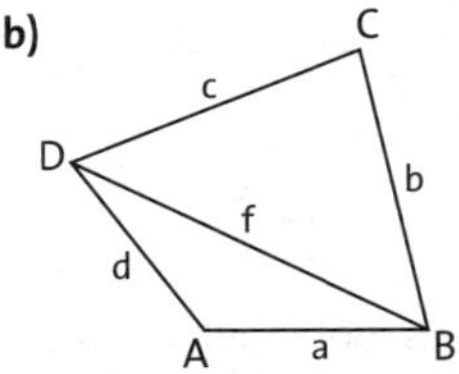

c) Es kann jeweils auch ein nicht konvexes Viereck entstehen.

ÜBUNG 38 **S. 100**

a) Rechteck (Parallelogramm, Trapez);
b) Drachenviereck; **c)** Rechteck (Parallelogramm, Trapez); **d)** Raute (Parallelogramm, Drachenviereck, Trapez); **e)** kein spezielles Viereck;
f) Trapez; **g)** Parallelogramm (Trapez);
h) Quadrat (Rechteck, Raute, Drachenviereck, Parallelogramm, Trapez)

ÜBUNG 39 **S. 100**

a) Quadrat

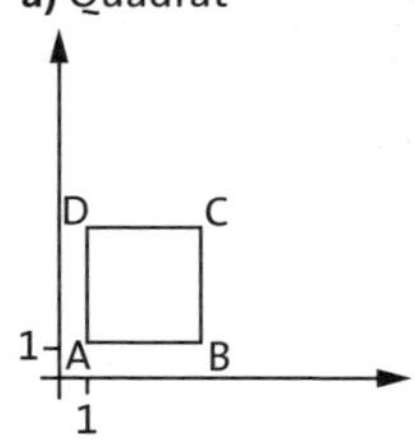

b) Rechteck

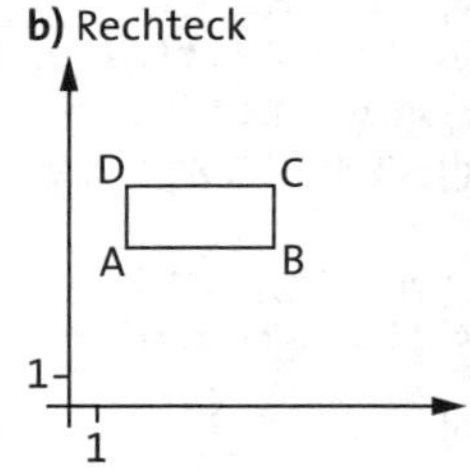

c) Parallelogramm

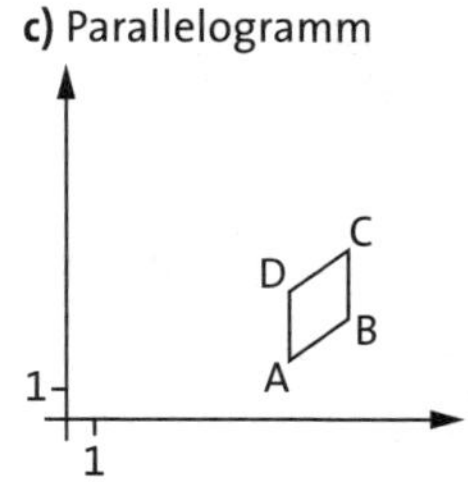

d) Trapez

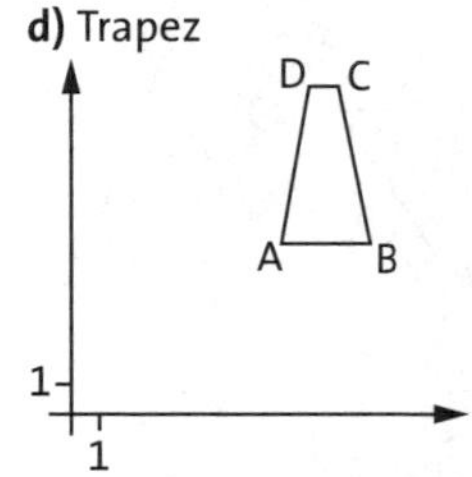

ÜBUNG 40 **S. 100**

Zu den Begründungen sind Skizzen sehr hilfreich.
a) wahr; **b)** wahr; **c)** falsch (unendlich viele);
d) falsch; **e)** falsch; **f)** wahr;
g) Umkehrungen: e) wahr; f) falsch

ÜBUNG 41 **S. 100**

a)

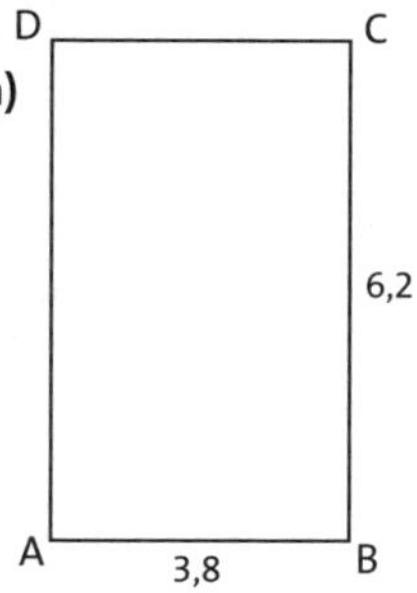

b)

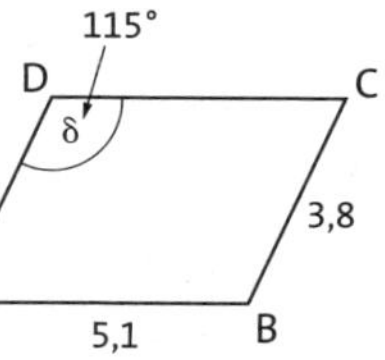

d)

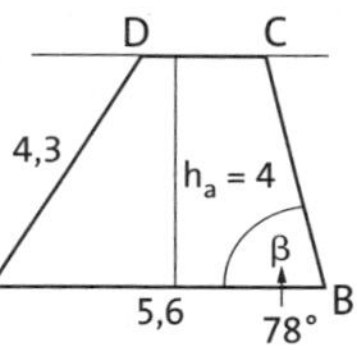

c)

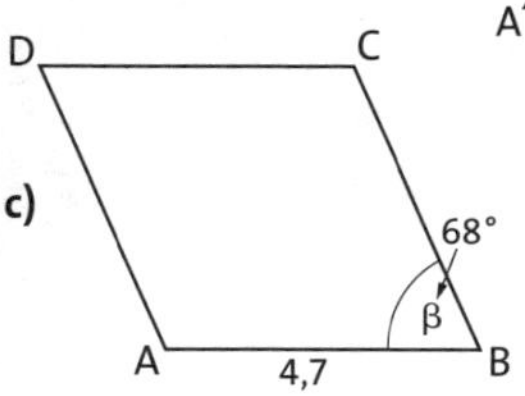

a) U = 20 cm; **b)** U = 17,8 cm; **c)** U = 18,8 cm;
d) U ≈ 16,9 cm (gemessen)

ÜBUNG 42 **S. 101**

$A = a \cdot h_a$; $U = 4a$

ÜBUNG 43 **S. 101**

a) $A = a \cdot b$; $A \approx 23{,}6\,cm^2$
b) $A = a \cdot h_a$; $A \approx 17{,}3\,cm^2$
c) $A = a \cdot h_a$; $A \approx 20{,}2\,cm^2$
d) $A = \frac{a+c}{2} \cdot h$; $A \approx 17{,}2\,cm^2$

ÜBUNG 44 **S. 101**

gemessene Größen: b = h ≈ 3,6 cm; c ≈ 4,9 cm

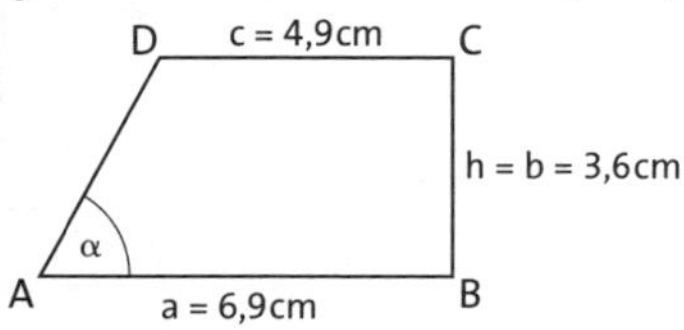

$A = \frac{a+c}{2} \cdot h$; $A \approx 21{,}2\,cm^2$
$U = a + b + c + d$; $U \approx 19{,}4\,cm$

ÜBUNG 45 **S. 101**

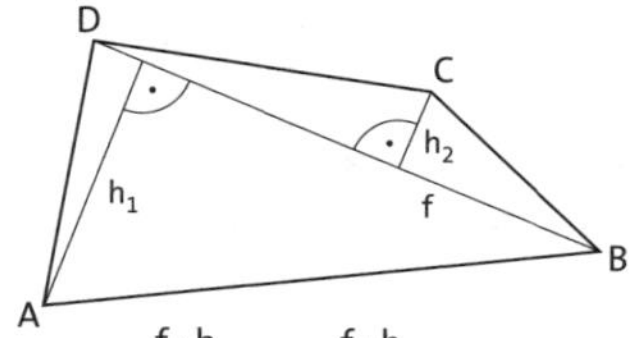

a) $A_1 = \frac{f \cdot h_1}{2}$; $A_2 = \frac{f \cdot h_2}{2}$

$A_1 \approx \frac{4{,}2\,cm \cdot 2{,}0\,cm}{2}$; $A_1 = 4{,}2\,cm^2$

$A_2 \approx \frac{4{,}2\,cm \cdot 0{,}6\,cm}{2}$; $A_2 \approx 1{,}3\,cm^2$

$A \approx 5{,}5\,cm^2$

Das Grundstück ist 550 m² groß.

b) U ≈ 4,3 cm + 1,8 cm + 2,6 cm + 2,0 cm = 10,7 cm
Der Zaun wird 107 m lang.

ÜBUNG 46 **S. 102**

a) γ = 135°; δ = 105°; **b)** β = γ = 60°;
c) unendlich viele Lösungen; **d)** γ = 90°

ÜBUNG 47 **S. 102**

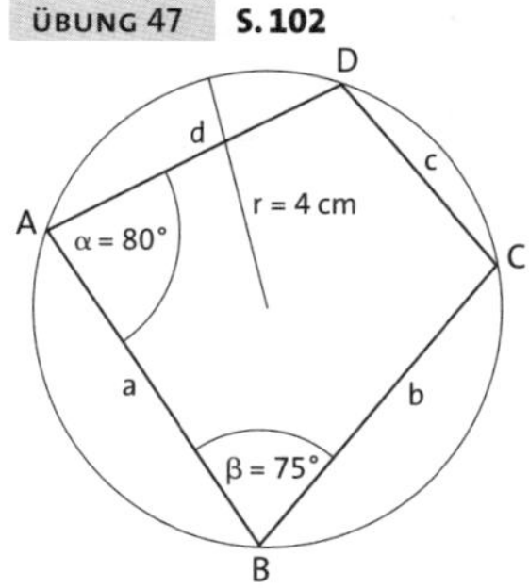

ÜBUNG 48 **S. 102**

a) ja, da α + γ = 180° und β + δ = 180°;
b) nein, da α + γ ≠ 180

ÜBUNG 49 **S. 102**

Zu den Begründungen sind Skizzen sehr hilfreich.
a) falsch (siehe Trapez);
b) wahr (Schnittpunkt der Diagonalen ist Mittelpunkt des Umkreises);
c) wahr für Quadrat, Rechteck und gleichschenkliges Trapez (Schnittpunkt der Diagonalen ist Mittelpunkt des Umkreises); aber falsch für Drachenvierecke;
d) wahr (Winkelsumme);
e) wahr (Winkelsumme)

Klassenarbeiten

AUFGABE 1 **S. 103**

$\alpha' = \beta + \gamma$; $\gamma = 43°$; $\alpha + \beta + \gamma = 180°$;
$\alpha = 99°$; $\beta' = \alpha + \gamma$; $\beta' = 142°$; $\gamma' + \gamma = 180°$;
$\gamma' = 137°$

AUFGABE 2 **S. 103**

a) a ist die Basis (ein Winkel dieser Größe kann in einem Dreieck nur einmal vorkommen).
b) $\beta = \gamma = 37{,}5°$

AUFGABE 3 **S. 103**

$\overline{AB} \approx 567$ m

AUFGABE 4 **S. 103**

a) wsw
b) $\alpha = 78°$
$\gamma = 67°$
$\beta = 35°$
b = 6 cm

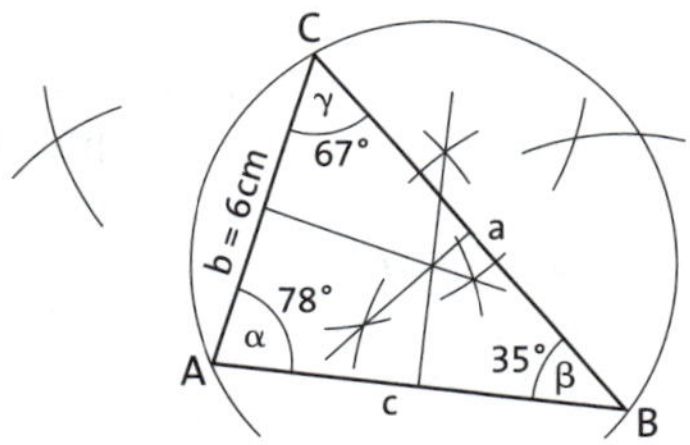

AUFGABE 5 **S. 103**

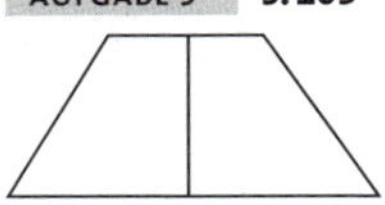

AUFGABE 6 **S. 104**

α	β	γ	α'	β'	γ'
43°	65°	72°	137°	115°	108°

AUFGABE 7 **S. 104**

a = b > 2,5 cm (Dreiecksungleichung)

AUFGABE 8 **S. 104**

1 660 : 48 ≈ 34,6
Die Breite des Grundstücks beträgt jetzt 34,6 m.

AUFGABE 9 **S. 104**

U = a + b + c ; x + 7 + x + 2 + x = 30; x = 7
Die drei Seiten sind 7 cm, 9 cm und 14 cm lang.

AUFGABE 10 **S. 104**

$\alpha = 36°$; $\beta = 54°$; $\gamma = 90°$
$\alpha' = 144°$; $\beta' = 126°$; $\gamma' = 90°$

AUFGABE 11 **S. 104**

$\alpha' + \beta' + \gamma' = 360°$
Der 3. Außenwinkel beträgt 123°. Der dazugehörige Innenwinkel beträgt 57°.

AUFGABE 12 **S. 104**

a + b = 8,9; b + 1 + b = 8,9; b = 3,95 cm;
a = 4,95 cm

AUFGABE 13 **S. 105**

	α	β	γ	α'	β'	γ'
a)	38°	58°	84°	142°	122°	96°
b)	51°	60°	69°	129°	120°	111°

AUFGABE 14 **S. 105**

a) $\gamma = 58°$; **b)** $\alpha = \gamma = \delta = 70°$

AUFGABE 15 **S. 105**

a) Kongruenzsatz: sws
b) und **c)**

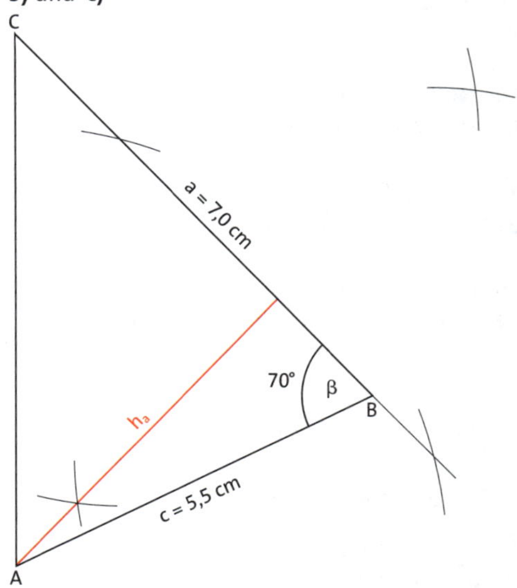

d) $h_a = 5{,}2$ cm; $A = \frac{a \cdot h_a}{2}$; $A = 18{,}2\ \text{cm}^2$

e)

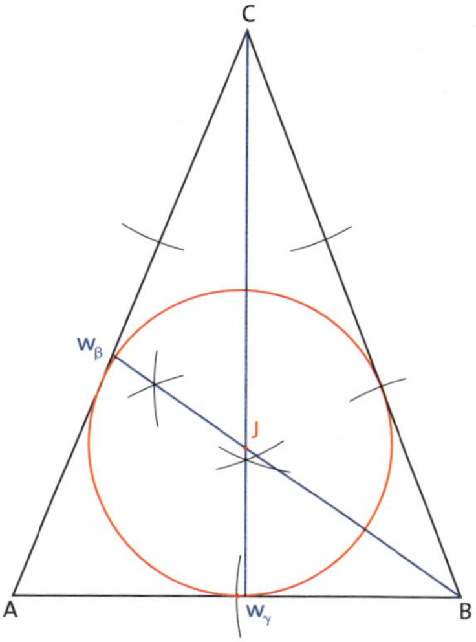

AUFGABE 16 **S. 105**

a) ① Zeichnen von c; ② antragen von α in A an c; ③ antragen von β in B an c; ④ freie Schenkel schneiden sich in C.

b) ① Zeichnen von c; ② berechnen von α und β; $\alpha = \beta = 66°$; antragen von α in A an c; ③ antragen von β in B an c; ④ freie Schenkel schneiden sich in C.

a) und **b)**

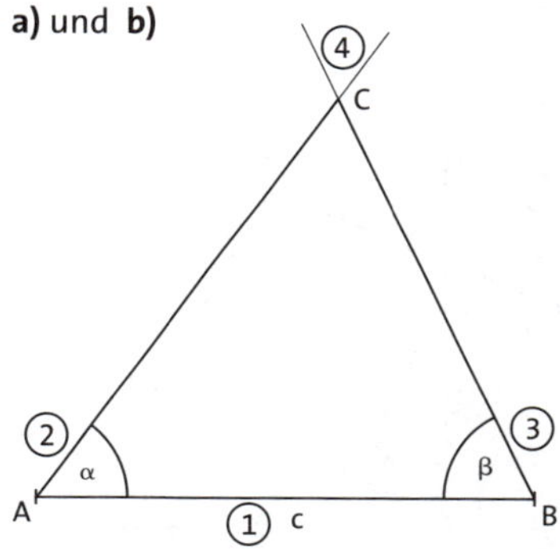

AUFGABE 17 **S. 105**

a) Planfigur:

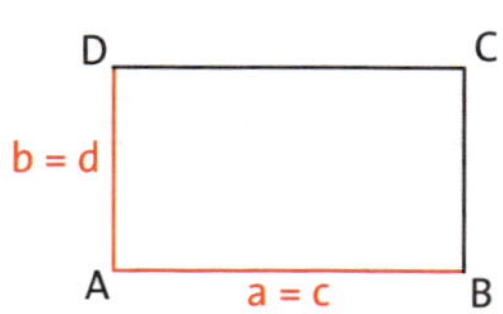

Konstruktion:

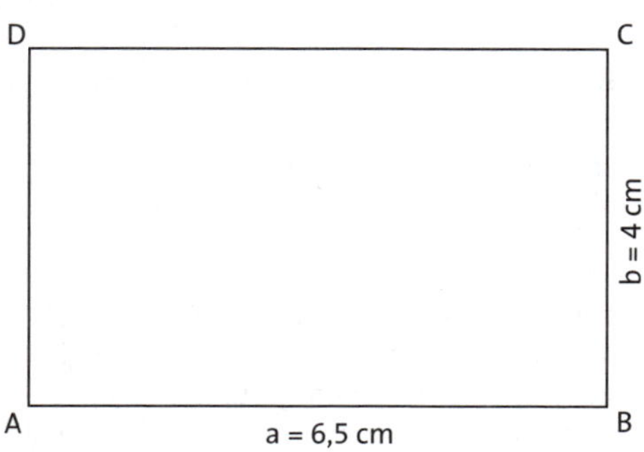

b) Planfigur:

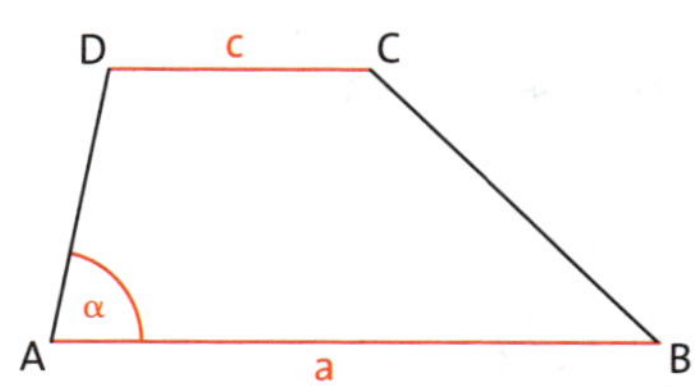

Konstruktion:

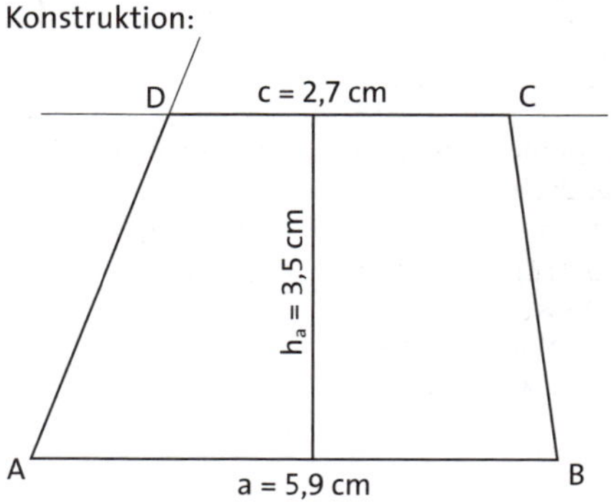

AUFGABE 18 **S. 106**

a) a = b = 6 cm; Dreiecksungleichung:
a + b = 12 > c; c < 12 cm
c darf höchstens 12 cm lang sein.
b) b = 11 cm
Aufgrund der Dreiecksungleichung kann b nicht 5 cm lang sein, denn dann wäre b + a = 5 cm + 5 cm = 10 cm, und damit kleiner als c = 11 cm.

AUFGABE 19 **S. 106**

a)

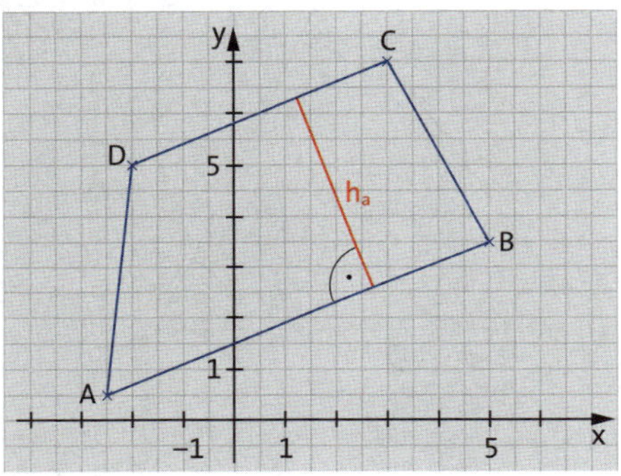

b) a = 8,3 cm; b = 4,0 cm; c = 5,4 cm; d = 4,5 cm;
h_a = 4 cm
U = a + b + c + d; U = 22,2 cm
$A = \frac{a+c}{2} \cdot h_a$; A = 27,4 cm²

AUFGABE 20 **S. 106**

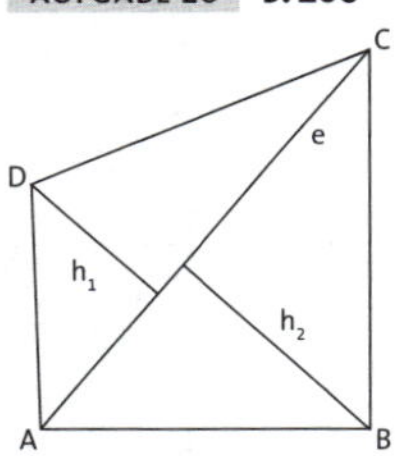

Das Viereck wird entlang der Diagonalen AC in zwei Dreiecke geteilt.
a = 4 cm; b = 4,5 cm; c = 4,4 cm; d = 2,9 cm;
e = 6,0 cm; h_1 = 2,0 cm; h_2 = 3,0 cm
U = 15,8 cm
A_1 = 6,0 cm²; A_2 = 9 cm²;
$A = A_1 + A_2$ = 15 cm²

AUFGABE 21 **S. 106**

Der Schnittpunkt der Winkelhalbierenden ist der Mittelpunkt des Inkreises. Dieser hat von allen drei Straßen denselben Abstand r = Radius des Inkreises.

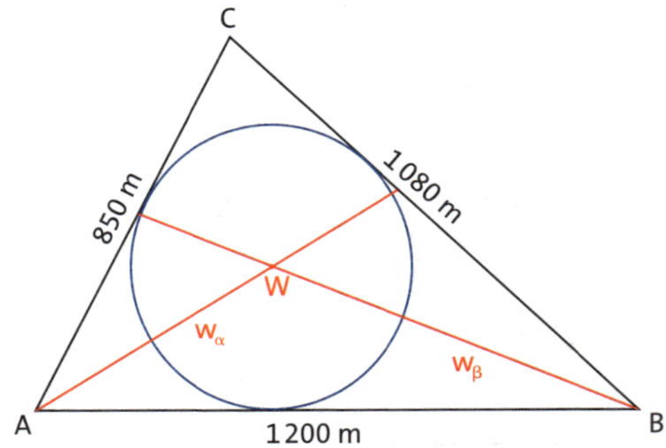

7 Darstellen räumlicher Objekte

ÜBUNG 1 **S. 109**

a)

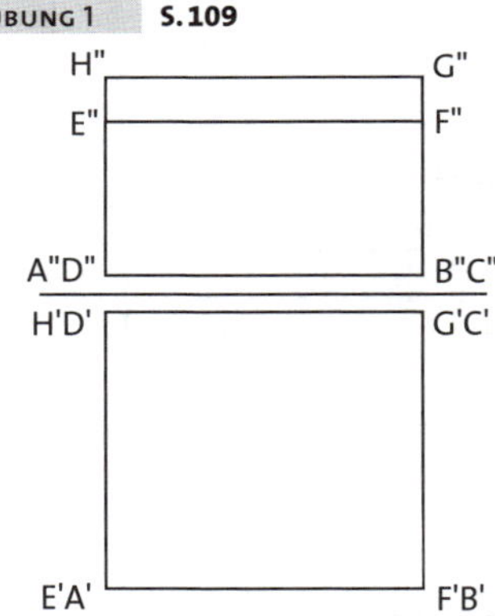

b) Die Fläche ABFE muss direkt vor der Aufrissebene stehen.
c) Die Fläche ADHE muss direkt vor der Aufrissebene stehen.

ÜBUNG 2 **S. 110**

Keine Zweitafelprojektion: **a)**, **d)**
In **b)** ist ein dreiseitiges Prisma dargestellt.
In **c)** ist ein Zylinder dargestellt.
In **e)** ist eine dreiseitige Pyramide dargestellt.

ÜBUNG 3 **S. 110**

a)

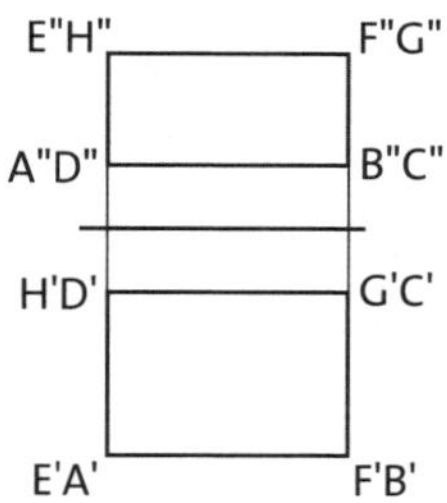

b)

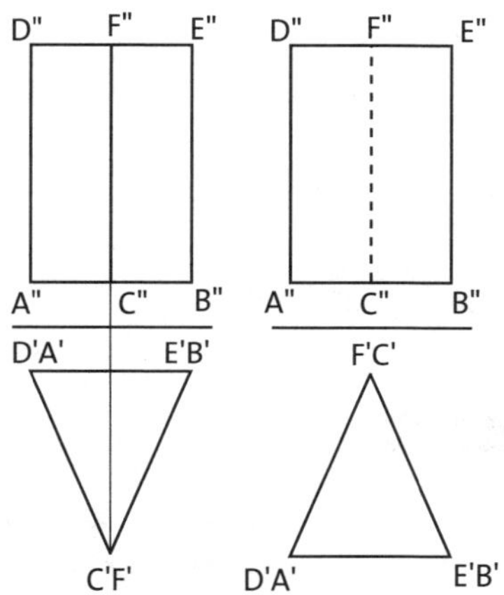

ÜBUNG 4 **S. 111**

a)

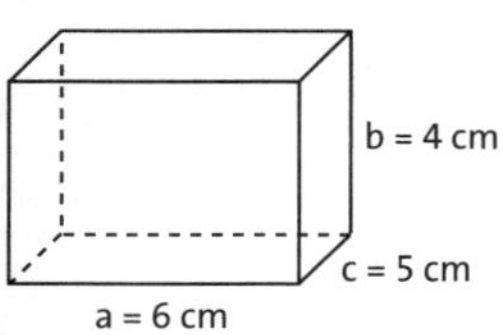

b)

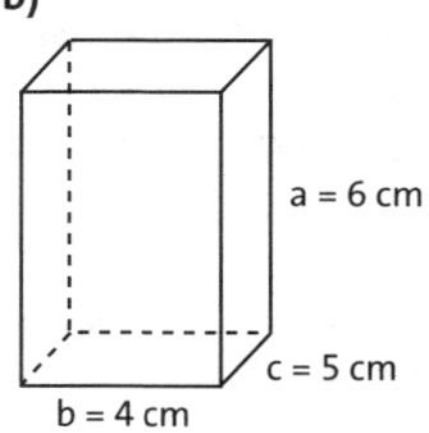

ÜBUNG 5 **S. 111**

a)

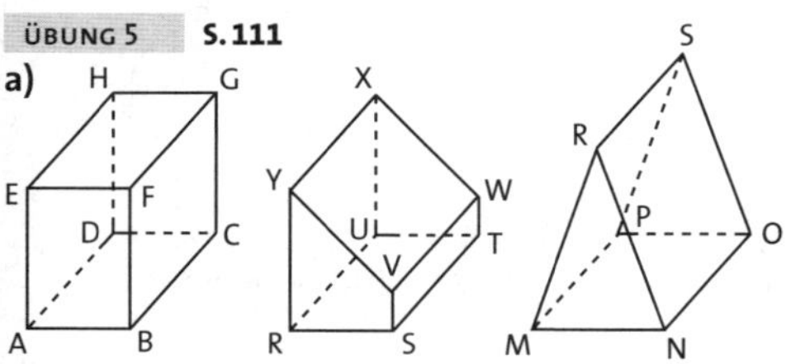

b) $\overline{AB} = 0{,}9\,\text{cm}$ $\overline{RS} = 0{,}9\,\text{cm}$ $\overline{MN} = 1{,}1\,\text{cm}$
$\overline{BC} = 2\,\text{cm}$ $\overline{SV} = 0{,}3\,\text{cm}$ $\overline{RN} = \overline{RM} = 1{,}3\,\text{cm}$
$\overline{BF} = 1{,}1\,\text{cm}$ $\overline{RY} = 1{,}1\,\text{cm}$ $\overline{NO} = 2{,}4\,\text{cm}$
$\overline{ST} = 2\,\text{cm}$

c)

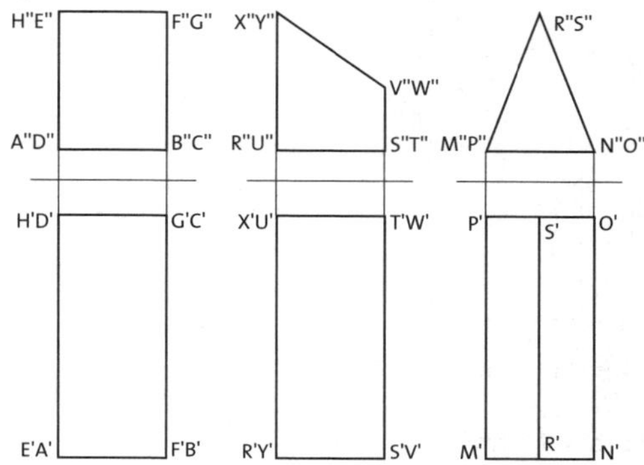

ÜBUNG 6 **S. 111**

a)

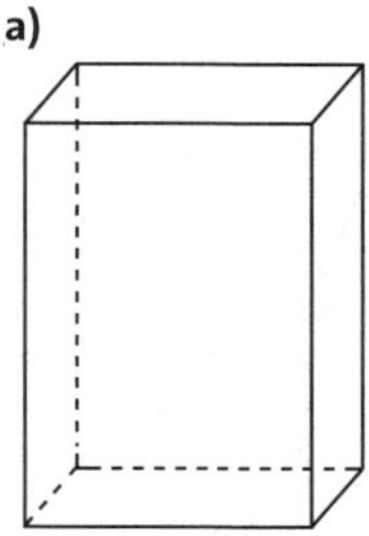

c)

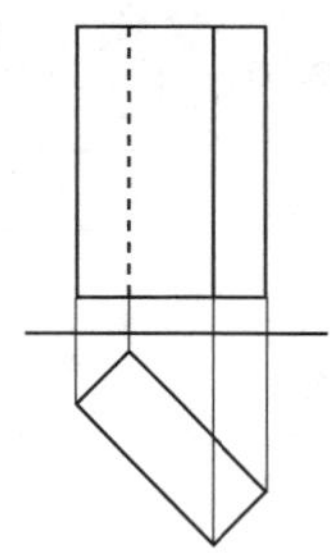

b)

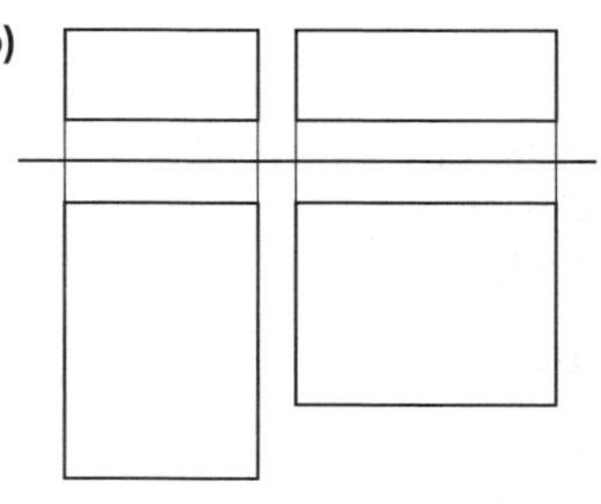

ÜBUNG 8 **S. 113**

a) $V = 414{,}72\,\text{cm}^3$; **b)** $V = 90\,\text{cm}^3$

ÜBUNG 9 **S. 113**

a) Verkleinert dargestellt:

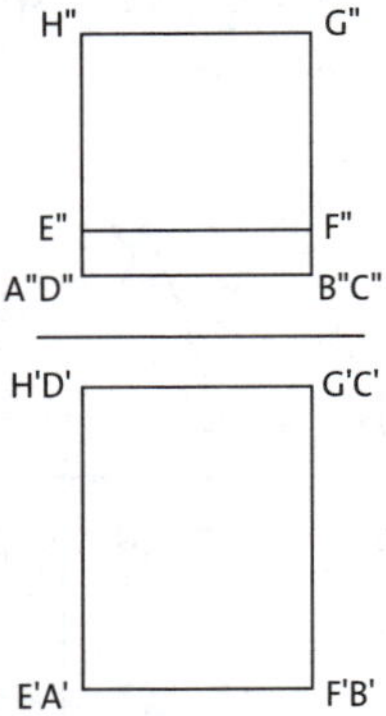

$\overline{AB}$ = 1,95 cm; $\overline{BC}$ = 2,8 cm; $\overline{AE}$ = 0,45 cm; $\overline{CG}$ = 2,3 cm

b) V ≈ 7,5 cm³

ÜBUNG 10 **S. 114**

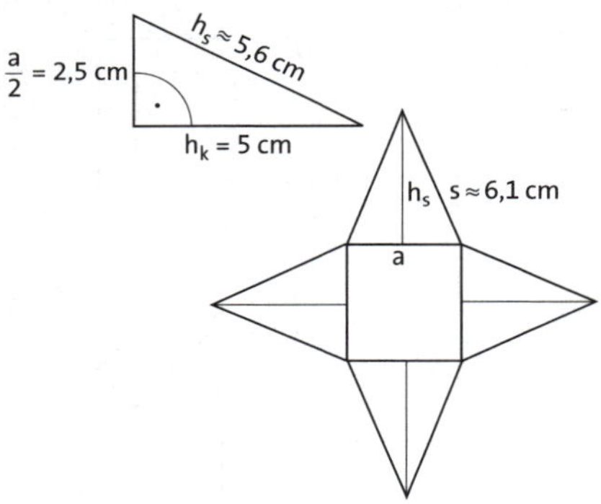

Zeichnerisch ergibt sich die Seitenhöhe h_s ≈ 5,6 cm und damit s ≈ 6,1 cm; A_O = 81 cm²; V ≈ 41,7 cm³

ÜBUNG 11 **S. 114**

a)

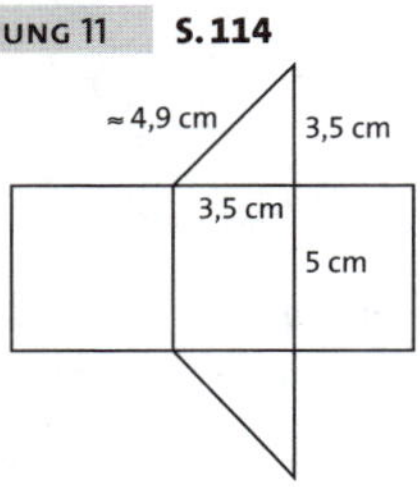

b) A_O = 71,75 cm²; V ≈ 30,6 cm³

ÜBUNG 12 **S. 114**

a)

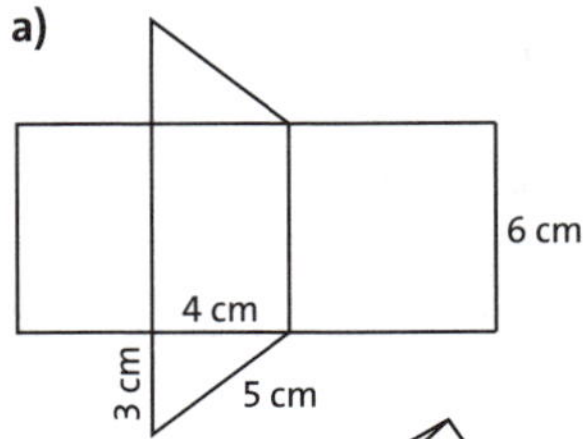

b)

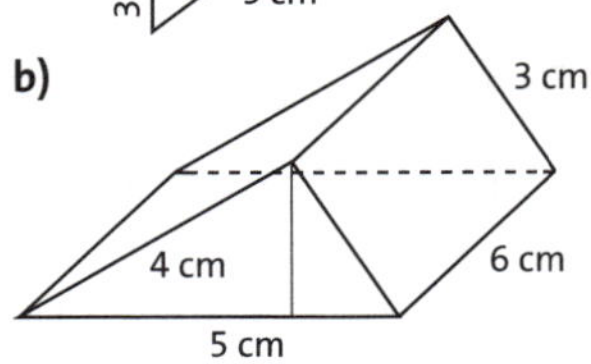

c) V = 36,0 cm³; A_O = 84 cm²

ÜBUNG 13 **S. 114**

$\overline{EH}$ = 3,3 cm; A_O ≈ 25,0 cm²

Klassenarbeiten

AUFGABE 1 **S. 115**

a) wahre Länge: AB, DC, EF, HG, AE, BF, CG; DH

b) wahre Größe und Gestalt: ABFE, DCGH

AUFGABE 2 **S. 115**

a) Netz eines Prismas

b) kein Netz; vierte Mantelfläche ist kein Rechteck

c) kein Netz; Grund- und Deckfläche sind nicht kongruent

AUFGABE 3 **S. 115**

a)

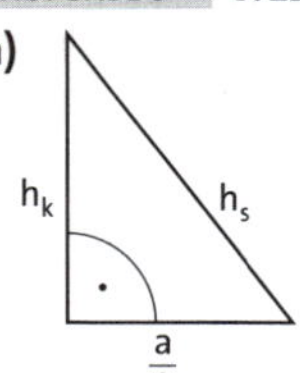

b)

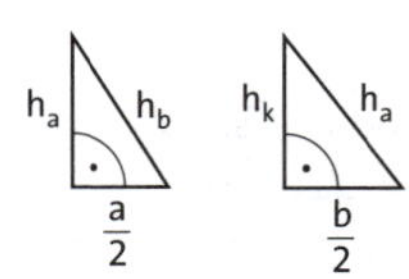

a) $V = \frac{1}{3}a^2 \cdot h_K$; V = 224 cm³

$A_O = A_M + A_G$; h ≈ 11,2 cm (Höhe einer Seitenfläche)

A_G = 64 cm²; A_M = 179,2 cm²; A_O = 243,2 cm²

b) $V = \frac{1}{3} a \cdot b \cdot h_K$; $V = 20\,m^3$
$A_O = A_M + A_G$; $h_a \approx 4{,}7\,m$; $h_b \approx 4{,}3\,m$
$A_G = 15\,m^2$; $A_M = 2 \cdot (7{,}05\,m^2 + 10{,}75\,m^2)$
$A_O = 50{,}6\,m^2$

AUFGABE 4 **S. 115**

a) $V = A_G \cdot h_K = a \cdot b \cdot h_K$; $b = \frac{V}{a \cdot h_K}$
$b = 4{,}5\,cm$
b) $A_O = 2 \cdot A_G + A_M$
$A_G = 36\,cm^2$; $A_M = 300\,cm^2$;
$A_O = 372\,cm^2$
c)

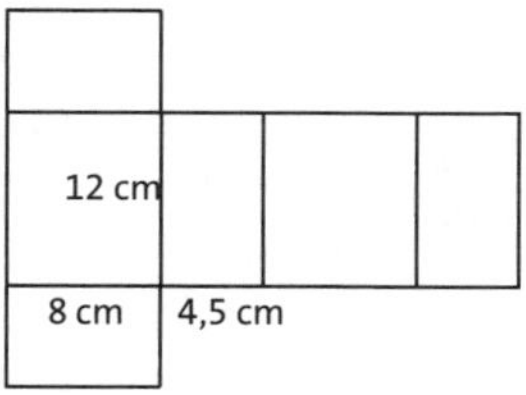

d) $L = 4 \cdot a + 4 \cdot b + 4 \cdot h_K$; $L = 98\,cm$
Man braucht 98 cm Draht.

AUFGABE 5 **S. 116**

$l = (4 \cdot 5 + 2 \cdot 3 + 2 \cdot 1{,}5 + 2 \cdot 1{,}2 + 2 \cdot 2{,}3)\,cm$
$l = 36\,cm$

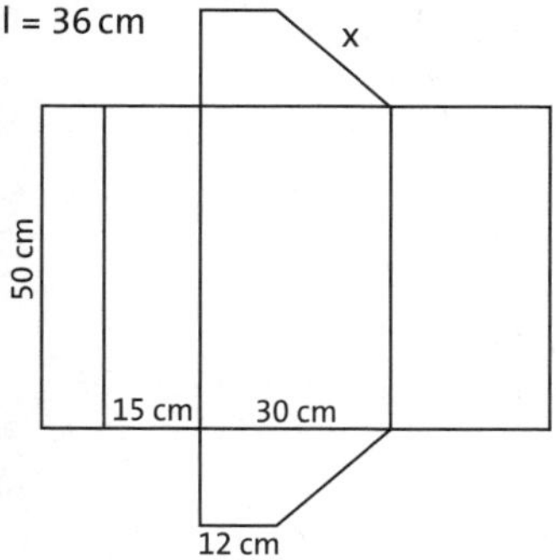

AUFGABE 6 **S. 116**

a) Abmessungen in dm

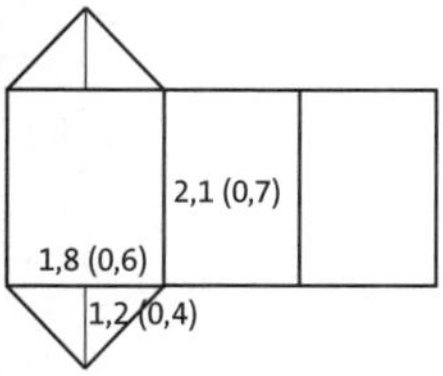

b) Schenkel aus der Zeichnung: 1,5 dm
$A_G = 1{,}08\,dm^2$; $A_M = 10{,}1\,dm^2$; $A_O = 12{,}24\,dm^2$

c) Du kannst auch ein liegendes Prisma als Lösung haben; vgl. Kasten auf Seite 110.

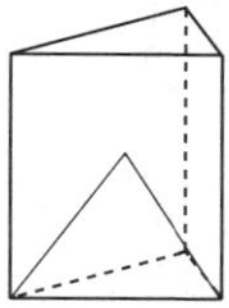

AUFGABE 7 **S. 116**

a) Du kannst auch ein liegendes Prisma als Lösung haben; vgl. Kasten auf Seite 110.

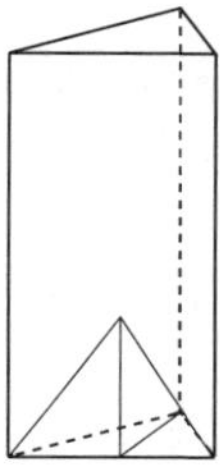

b) $h_c = 3{,}6\,cm$
$A_G = \frac{1}{2} c \cdot h_c$; $A_G = 7{,}6\,cm^2$
$V = A_G \cdot h_K$; $V = 53{,}2\,cm^3$
$A_M = 88{,}2\,cm^2$; $A_O = 103{,}4\,cm^2$

AUFGABE 8 **S. 116**

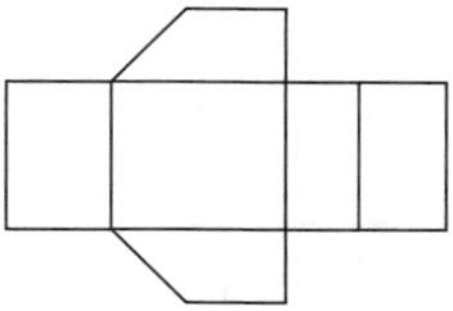

$h = 2{,}4\,cm$ (Zeichnung)
$A_G = \frac{a + c}{2} \cdot h$; $A_G = 10{,}8\,cm^2$
$V = A_G \cdot h_K$; $V = 54\,cm^3$

AUFGABE 9 **S. 117**

a) 2); **b)** 1); **c)** 4); **d)** 3)

AUFGABE 10 **S. 117**

b) korrekt; **a)**, **c)**, **d)** fehlerhaft

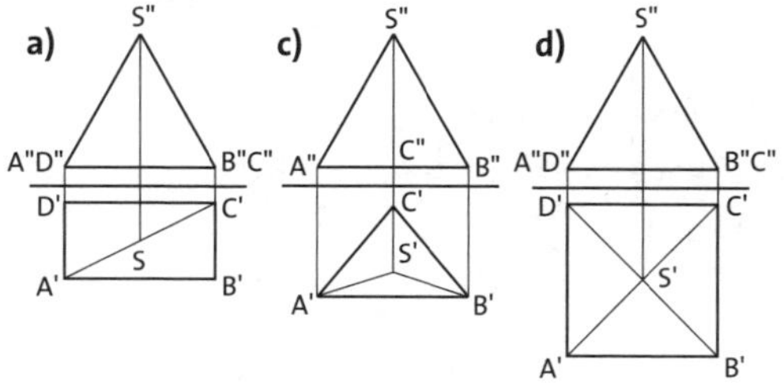

AUFGABE 11 **S. 117**

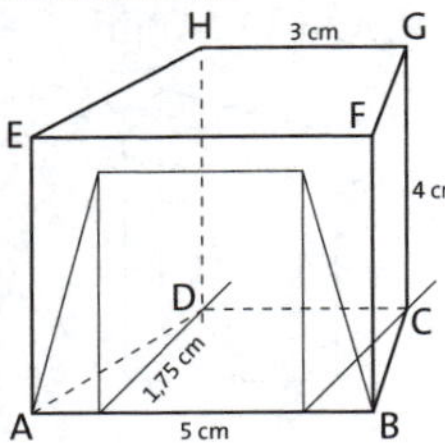

AUFGABE 12 **S. 118**

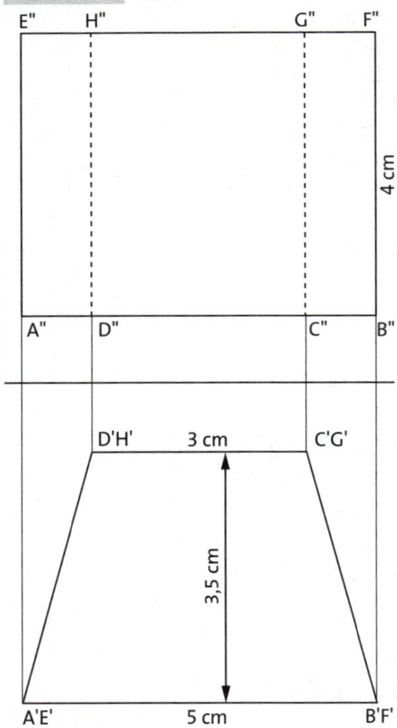

AUFGABE 13 **S. 118**

a) $V = \frac{1}{3} \cdot A_G \cdot h$; $h = \frac{3 \cdot V}{a \cdot b}$; $h = 4{,}8\,\text{cm}$

b) und **c)**

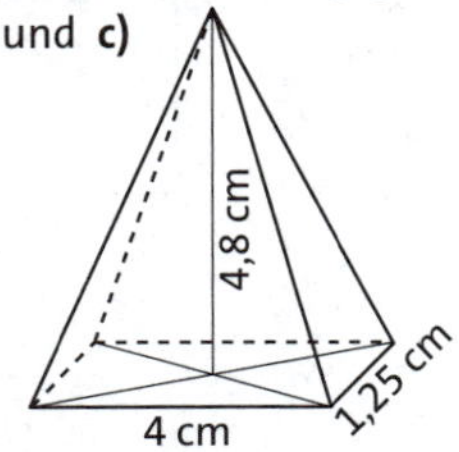

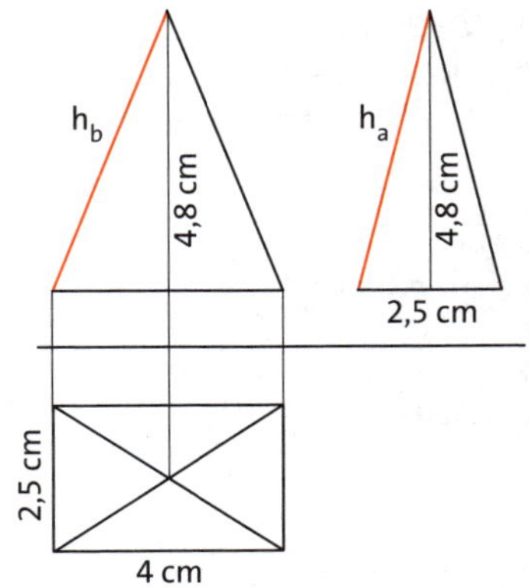

$h_a = 5{,}0\,\text{cm}$; $h_b = 5{,}2\,\text{cm}$; $A_G = 10\,\text{cm}^2$;

$A_M = 2 \cdot \frac{a \cdot h_a}{2} + 2 \cdot \frac{b \cdot h_b}{2}$; $A_M = 33\,\text{cm}^2$;

$A_O = 43\,\text{cm}^2$

d)

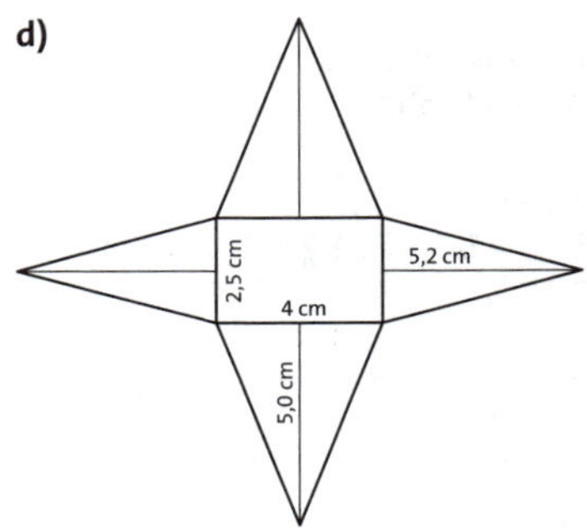

AUFGABE 14 **S. 118**

a) Ermittlung von h_D: Ermittlung von h_P:

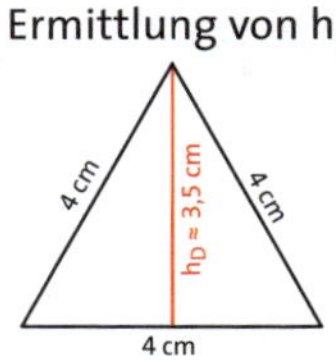

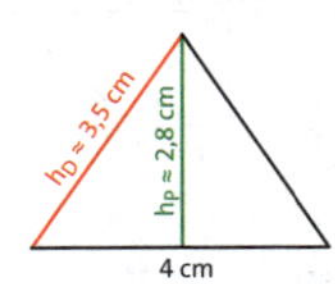

$h_D \approx 3{,}5\,\text{cm}$ $h_P \approx 2{,}8\,\text{cm}$

Zweitafelprojektion:

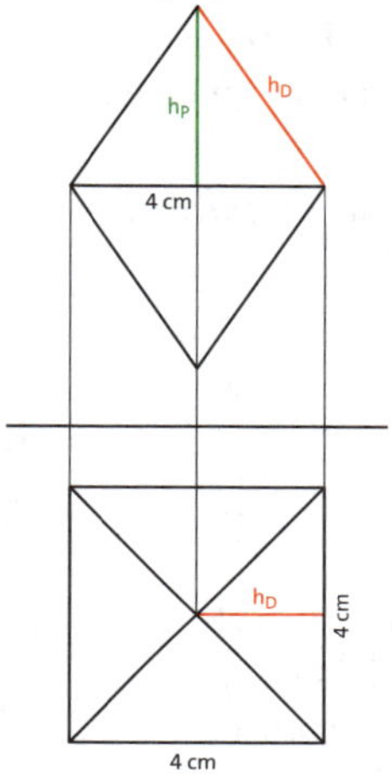

b) Grundfläche einer Teilpyramide:
$A_G = 4\,cm \cdot 4\,cm = 16\,cm^2$

Volumen einer Teilpyramide:
$V_P = \frac{1}{3} A_G \cdot h_P \approx 14{,}9\,cm^3$

Volumen des Oktaeders:
$V_O = 2 \cdot V_P \approx 29{,}8\,cm^3$

Fläche eines Dreiecks:
$A_D = \frac{1}{2} \cdot g \cdot h_D \approx 7\,cm^2$

Oberfläche des Oktaeders:
$A_O \approx 8 \cdot 7\,cm^2 = 56\,cm^2$

8 Zufall und Wahrscheinlichkeit

ÜBUNG 1 **S. 120**

Ergebnisse; Ergebnismenge Ω; Ereignis; absolute Häufigkeit; $\frac{12}{60} = \frac{1}{5}$; 20 %

ÜBUNG 2 **S. 120**

a) A = {1; 3; 5}; **b)** B = {5}; **c)** C = {5; 6};
d) D = {1; 2; 3; 4; 5; 6}; **e)** E = {4; 5};
f) F = { } (leere Menge)

ÜBUNG 3 **S. 120**

a) Ω = {(Zahl; Zahl); (Zahl; Wappen); (Wappen; Zahl); (Wappen; Wappen)}; **b)** A = {(Zahl; Wappen); (Wappen; Zahl)}; **c)** B = {(Zahl; Zahl); (Zahl; Wappen); (Wappen; Zahl)}

ÜBUNG 4 **S. 121**

a) Wenn W_1 eine 1 zeigt, kann W_2 die Zahlen 1 bis 6 zeigen, also (1; 1), (1; 2) ... (1; 6). Zeigt W_1 eine 2, kann W_2 die Zahlen 1 bis 6 zeigen usw. Damit ergeben sich 6 · 6 = 36 Möglichkeiten:
Ω = {(1; 1); (1; 2) ... (1; 6); (2; 1) ... (6; 6)}
b) B = {(1; 1); (1; 2); (3; 1); (3; 2); (5; 1); (5; 2)}
Es gibt 6 günstige Ergebnisse.
c) C = {(6; 1); (6; 2); (6; 3); (6; 4); (6; 5); (6; 6); (1; 6); (2; 6); (3; 6); (4; 6); (5; 6)}
Es gibt 11 günstige Ergebnisse.
d) D = {(3; 1); (3; 2); (3; 3); (3; 4); (3; 5); (3; 6); (1; 3); (2; 3); (4; 3); (5; 3); (6; 3)}
Es gibt 11 günstige Ergebnisse.
e) Zu E gehören alle Ergebnisse, die nicht zu D gehören. Damit bleiben 36 – 11 = 25 günstige Ergebnisse.

ÜBUNG 5 **S. 121**

a) relative Häufigkeit für *gelber Samen:*
$\frac{6\,015}{8\,012} \approx 75{,}08\,\%$;
relative Häufigkeit für *grüner Samen:*
$\frac{1\,997}{8\,012} \approx 24{,}93\,\%$.
b) P(gelber Samen) = $\frac{3}{4}$ = 75 %;
P(grüner Samen) = $\frac{1}{4}$ = 25 %
c) $\frac{3}{4}$ der Erbsen müssten gelb sein, also 7 500.

ÜBUNG 6 **S. 123**

a) A = {Herz Bube; Karo Bube; Kreuz Bube; Pik Bube}; $P(A) = \frac{4}{32} = \frac{1}{8}$
b) B = {Kreuz 7; Kreuz 8; Kreuz 9; Kreuz 10; Kreuz Bube; Kreuz Dame; Kreuz König; Kreuz As};
$P(B) = \frac{8}{32} = \frac{1}{4}$
c) C = {Kreuz Bube; Pik Bube}; $P(C) = \frac{2}{32} = \frac{1}{16}$
d) Es ist geschickter, das Gegenereignis zu betrachten: $\overline{D}$ = {Herz 10; Karo 10; Kreuz 10; Pik 10};
$P(\overline{D}) = \frac{4}{32} = \frac{1}{8}$; damit gilt $P(D) = 1 - \frac{1}{8} = \frac{7}{8}$.

ÜBUNG 7 **S. 123**

a) $P(A) = \frac{3}{6} = \frac{1}{2}$; **b)** $P(B) = \frac{1}{6}$; **c)** $P(C) = \frac{1}{3}$;
d) $P(D) = \frac{6}{6} = 1$; D ist ein sicheres Ereignis.
e) $P(E) = \frac{2}{6} = \frac{1}{3}$; **f)** $P(F) = \frac{0}{6} = 0$; F ist ein unmögliches Ereignis.

ÜBUNG 8 **S. 124**

Die Wahrscheinlichkeiten betragen:
a) $\frac{1}{4}$; **b)** $\frac{2}{4} = \frac{1}{2}$; **c)** $\frac{3}{4}$;
d) Ω = {(Zahl; Zahl); (Zahl; Wappen); (Wappen; Zahl); (Wappen; Wappen)}, gleiches Prinzip wie beim gleichzeitigen Werfen zweier Münzen;
e) E = {(Zahl; Zahl); (Zahl; Wappen); (Wappen; Zahl)}; $P(E) = \frac{3}{4}$

ÜBUNG 9 **S. 124**

a) s. Grafik auf Seite 39
Die Wahrscheinlichkeiten betragen:
b) $\frac{1}{36}$; **c)** $\frac{6}{36} = \frac{1}{6}$; **d)** $\frac{11}{36}$; **e)** $\frac{11}{36}$; **f)** $1 - \frac{11}{36} = \frac{25}{36}$ (Hinweis: In e) wurde das Gegenereignis betrachtet.)
g) siehe Abbildung zu Übung 9;
h) H = {(1; 6), (2; 5); (3; 4); (4; 3); (5; 2); (6; 1)}, also $P(H) = \frac{6}{36} = \frac{1}{6}$

ÜBUNG 10 **S. 124**

a) Ω = {(rot; rot); (rot; gelb); (rot; weiß); (gelb; rot); (gelb; gelb); (gelb; weiß); (weiß; rot); (weiß; gelb); (weiß; weiß)}
b)

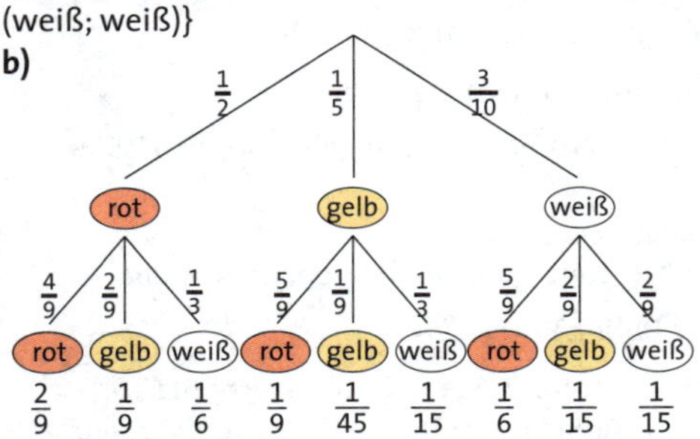

Berechnete Wahrscheinlichkeiten für c) bis f):
c) P(genau 1 gelbes Gummibärchen)
$= P(r; g) + P(g; r) + P(g; w) + P(w; g) = \frac{32}{90}$
d) P(mindestens 1 weißes Gummibärchen)
$= P(r; w) + P(g; w) + P(w; r) + P(w; g) + P(w; w) = \frac{8}{15}$
e) Betrachte das Gegenereignis: P(mindestens zwei rote Gummibärchen) $= P(r; r) = \frac{2}{9}$
Damit gilt: P(höchstens ein rotes Gummibärchen) $= \frac{7}{9}$
f) P(1 rotes und 1 weißes Gummibärchen)
$= P(r; w) + P(w; r) = \frac{1}{3}$

Klassenarbeiten

AUFGABE 1 **S. 125**

a) $\Omega = \{1; 2; 3; 4; 5; 6\}$
b) $A = \{2; 4; 6\}$; $B = \{2; 3\}$; $C = \{1; 2; 3\}$
c) $P(A) = \frac{3}{6} = \frac{1}{2}$; $P(B) = \frac{2}{6} = \frac{1}{3}$; $P(C) = \frac{3}{6} = \frac{1}{2}$
d) $\overline{B}$: *„Augenzahl ist weder 2 noch 3"*;
$\overline{B} = \{1; 4; 5; 6\}$; $P(\overline{B}) = \frac{4}{6} = \frac{2}{3}$ oder $P(\overline{B}) = 1 - P(B) = 1 - \frac{1}{3} = \frac{2}{3}$
$\overline{C}$: *„Augenzahl ist größer oder gleich 4"*;
$\overline{C} = \{4; 5; 6\}$; $P(\overline{C}) = \frac{3}{6} = \frac{1}{2}$ oder $P(\overline{C}) = 1 - P(C) = 1 - \frac{1}{2} = \frac{1}{2}$

AUFGABE 2 **S. 125**

a) Es gibt 36 mögliche Ergebnisse.
b) A = {(1; 2); (2; 1)}; B = {(4; 6); (5; 5); (6; 4); (5; 6); (6; 5); (6; 6)}; C = { } (unmögliches Ereignis)
c) $P(A) = \frac{2}{36} = \frac{1}{18}$; $P(B) = \frac{6}{36} = \frac{1}{6}$; $P(C) = 0$
d) $D = \overline{B} \Rightarrow P(D) = P(\overline{B}) = 1 - P(B) = 1 - \frac{1}{6} = \frac{5}{6}$

AUFGABE 3 **S. 125**

a)

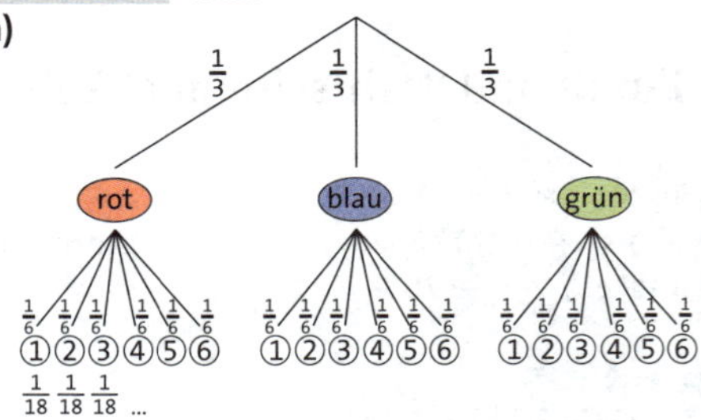

b) Es gibt $3 \cdot 6 = 18$ mögliche Ergebnisse.
Berechnete Wahrscheinlichkeiten für **c)** bis **e)**
c) $P(A) = \frac{1}{18}$

d) D = {(grün; 3); (grün; 4); (grün; 5); (grün; 6)};
$P(D) = \frac{4}{18} = \frac{2}{9}$

e) E = {(grün; 6); (rot; 6); (blau; 6)}. $P(E) = \frac{3}{18} = \frac{1}{6}$;
$P(\overline{E}) = 1 - P(E) = 1 - \frac{1}{6} = \frac{5}{6}$

AUFGABE 4 **S. 126**

a) Notendurchschnitt: 3,44; 14 Schüler liegen über dem Durchschnitt.

b) $\Omega = \{1; 2; 3\}$

c) siehe Tabelle auf der nächsten Seite
Noten besser als 4 traten mit einer relativen Häufigkeit von 0,56 oder 56 % auf.

ÜBUNG 9

1. Wurf **2. Wurf**

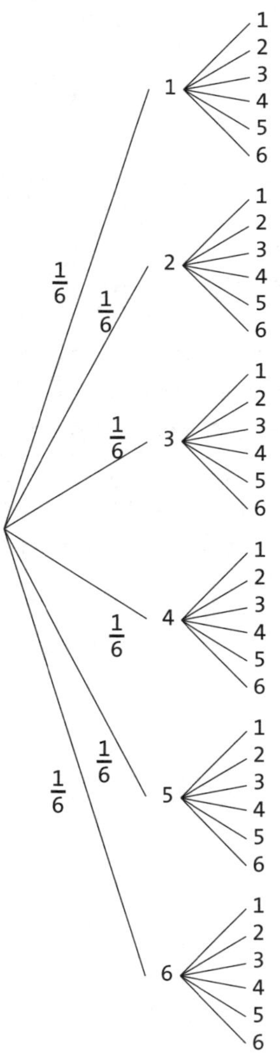

Ergebnis	Augensumme
(1; 1)	2
(1; 2)	3
(1; 3)	4
(1; 4)	5
(1; 5)	6
(1; 6)	7
(2; 1)	3
(2; 2)	4
(2; 3)	5
(2; 4)	6
(2; 5)	7
(2; 6)	8
(3; 1)	4
(3; 2)	5
(3; 3)	6
(3; 4)	7
(3; 5)	8
(3; 6)	9
(4; 1)	5
(4; 2)	6
(4; 3)	7
(4; 4)	8
(4; 5)	9
(4; 6)	10
(5; 1)	6
(5; 2)	7
(5; 3)	8
(5; 4)	9
(5; 5)	10
(5; 6)	11
(6; 1)	7
(6; 2)	8
(6; 3)	9
(6; 4)	10
(6; 5)	11
(6; 6)	12

c)

Note	1	2	3	4	5	6	gesamt
absolute Häufigkeit	2	3	9	5	5	1	25
relative Häufigkeit in Prozent	8	12	36	20	20	4	100
relative Häufigkeit als Dezimalzahl	0,08	0,12	0,36	0,2	0,2	0,04	1,0
relative Häufigkeit als Winkel im Kreisdiagramm	28,8°	43,2°	129,6°	72°	72°	14,4°	360°

d)

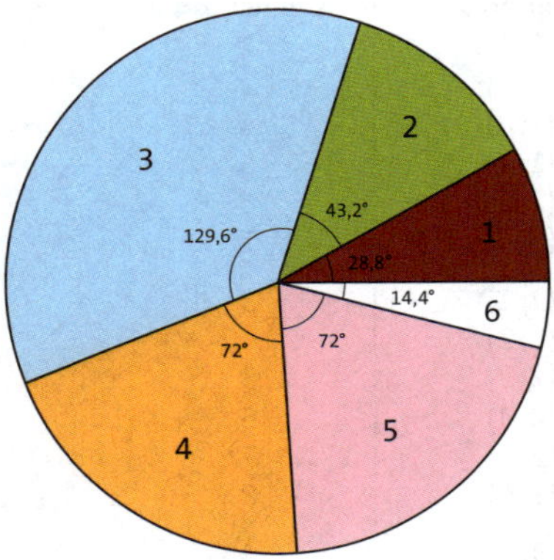

AUFGABE 5 **S. 126**

a) 3 rote und 7 grüne Kugeln; **b)** 9 rote und 3 grüne Kugeln; **c)** 6 rote und 9 grüne Kugeln

AUFGABE 6 **S. 126**

a) $P(2) = \frac{1}{6}; \frac{1}{6} \cdot 1800 = 300$

Wahrscheinlich wirft er 300-mal eine 2.

b) Anzahl der Schüler: $15 + 13 = 28$

Moritz kann sich nicht selbst treffen: $28 - 1 = 27$

Die Wahrscheinlichkeit, ein Mädchen zu treffen, beträgt $P(\text{Mädchen}) = \frac{15}{27} \approx 0{,}56$ bzw. 56 %.

AUFGABE 7 **S. 126**

a) G = Gewinn; N = Niete

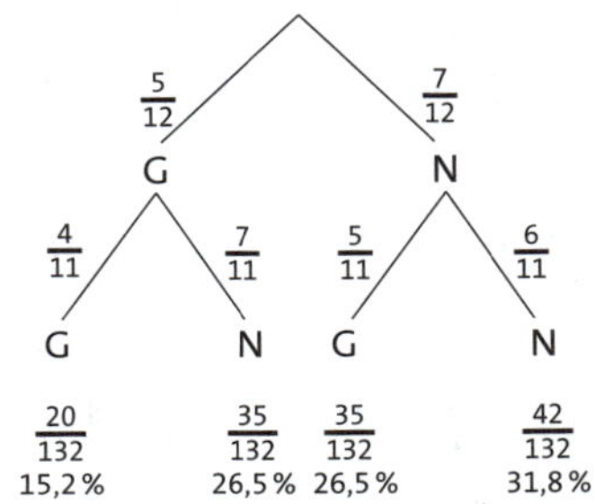

Die Wahrscheinlichkeit für das Ziehen zweier Gewinne beträgt $P(G; G) = \frac{20}{132}$ oder 15,2 %.

b) $P(\text{mindestens ein Gewinn}) = P(G; N) + P(N; G) + P(G; G) = \frac{35}{132} + \frac{35}{132} + \frac{20}{132} = \frac{90}{132}$ oder 68,2 %.

c) Nein, denn die Wahrscheinlichkeit für das Ziehen zweier Nieten beträgt $P(N; N) = \frac{42}{132}$ oder 31,8 %.

ISBN 978-3-411-72434-5